KB200217

반려동물행동학

김옥진 · 김병수 · 박우대 · 이형석 · 이현아 · 하윤철 · 황인수 · 최인학 공저

동일
출판사

머 리 말

현대사회에서 동물은 과거 축산 위주의 산업동물 이외에 사람과 함께 유대감을 나눌 수 있는 애완동물과 반려동물의 영역이 더욱 넓어지고 있는 실정이다. 과거 동물자원은 산업동물 중심이었으나 현재 애완동물의 증가와 사회적 중요성 때문에 애완동물, 나아가 반려동물을 효과적으로 사육하고 관리하기 위한 연구들이 수행되어 많은 자료들이 축적되고 있는 현실이다. 현재, 반려동물 및 애완동물 행동을 체계적으로 학습하기 위한 교과목의 개설이 늘고 있으나 학생들이 학습 재료로 사용할 수 있는 교재가 극히 제한되어있는 것이 사실이다. 더욱이 기존 학습교재가 야생동물 행동학과 산업동물의 행동학에 치우치는 경향이 많아 현대 사회에서 요구되는 반려동물과 애완동물 행동의 이해와 문제 행동 교정 관련 내용이 부재하여 이의 내용 전달이 어려운 상황이다. 저자들은 이러한 문제점을 개선하고자 부족한 자료이지만 개와 고양이의 행동학과 문제행동의 교정에 대한 소개와 관리에 대한 내용을 담아 학습 교재를 만들고자 하였다.

동물행동학개론, 반려동물행동학, 산업동물행동학, 행동교정학 등으로 세분하여 교과목이 개설되고 각각에 맞는 내용이 알차게 채워진다면 가장 바람직한 교과목이 될 것으로 생각되지만, 현실적으로 대학의 교과목 개설에 제한점이 있고 방대한 내용을 담기에는 개설되어야 할 교과들의 수가 너무도 많아 안타깝게도 이들 교과목을 각각 세분하여 강의하지 못하는 현실이라 이들을 통합하여 강의할 수 있는 동물행동학 강좌를 개설하여 교습하는 상황에서 이에 맞는 학습교재의 개발이 절실한 상황이었다. 이에 저자들은 부족한 자료들을 모아 반려동물행동학을 집필하고자 계획을 세웠으나 내용이 방대하고 시간에 쫓기어 만족할 만한 내용을 담지 못하였음을 아쉽게 생각한다. 그러나 첫 걸음을 떼는 것이 중요하다는 생각으로 엄두가 나지 않는 방대한 분량을 정리하여 어느 정도 틀을 갖춘 교재로 완성하여 효율적인 학습교재로 사용하고자 부족한 내용이지만 본 교재를 세상에 내어 놓기로 하였다. 시간이 지나서 보다 많은 자료들을 수집하고 내용의 오류를 수정하여 보다 완성된 교재를 다시 내리라 다짐하며 현재 부족한 교재에 대한 아쉬움을 뒤로 미루어 본다.

　교재 제작에 많은 도움을 아끼지 않은 여러 선생님들에게 감사하고 본 교재의
완성을 위하여 인용 및 발췌를 허락하여 주신 여러 선배님들에게 또한 감사드린
다.

　본 교재가 동물관련 전공 학생들에게 반려동물 행동의 이해와 방향을 제시하여
줄 수 있으면 하는 바람으로 이 글을 맺을까 한다.

저자 일동

차 례

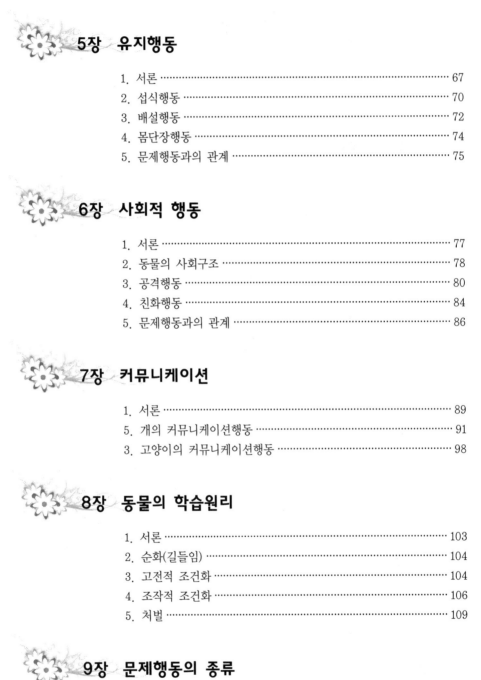

14장 문제행동의 치료

15장 문제행동의 예방

chapter 1

동물행동학이란?

학습목표

① 동물행동학의 기본개념을 이해한다.

② 행동이 일어나는 구조에 대해 이해한다.

1 서 론

'동물'이란 무엇일까? 당연하게 생각하는 것도 조금 파헤쳐 보면 다양한 의문이 피어나게 된다. 동물이란 글자그대로 '움직이는 것'이며 사전에는 '운동과 감각의 기능을 가진 생물 군으로 일반적으로 식물과 대치되는 것'이라고 되어 있다. 그리고 영어의 animal이라는 말 도 '살아 있다'를 의미하는 라틴어 anima에서 온 것이다.

어찌됐든 동물들이 보이는 다양한 행동은 동물들의 겉모습과 마찬가지로, 또는 그 이상 으로 사람들의 마음을 사로잡아 온 요소이며 동물에 대해 더 알고 싶다는 우리들의 욕구의 동기부여이기도 하다. 아마도 이러한 배경으로 옛날부터 동물의 행동에 관한 기재는 동서 양을 막론하고 수없이 남겨져 있는 것인데 동물행동에 과학적 연구의 시각이 들어가기 시 작한 것은 사실 비교적 최근의 일이다.

유럽에서 동물행동학(Ethology)라는 새로운 학문분야가 탄생하여 로렌츠, 틴베르겐 그 리고 프리슈 3인의 선구자들이 함께 노벨상(1973년도 의학생리학상)을 수여한 것이 하나의 계기가 되어 동물행동학은 20세기 후반에 대단한 발전을 이루었다(그림 1-1).

| 틴베르겐 | 로렌츠 | 프리슈 |

그림 1-1　동물행동학의 개척자들

　　동물행동학에서 특히 중요하다고 생각되는 것 중 하나가 다양한 동물들이 보이는 다양한 행동을 카테고리로 분류하여 진화나 적응과 같은 시간적으로도 공간적으로도 스케일이 큰 관점에서 각각의 행동이 가진 생물학적 의미를 찾자 라는 태도 또는 개념이다. 이것에 대해서는 뒤에서 말하는 '행동학연구의 4분야'에서 자세히 설명한다. 예를 들어, 개와 고양이의 일상적인 행동을 비교해보면 좋을 것이다. pet food의 먹는 방법이나 배설 방법, 주인에의 접촉방법 등을 보고 있으면 행동상의 여러 가지 차이가 보인다. 태어나서 부터 인간과 생활하는 애완동물에게도 그들의 선조인 야생동물종이 오랜 세월에 거쳐 몸에 베인 행동양식이 그 외관을 물려받은 것처럼 확실하게 남겨져 있기 때문이다. 각 장에서 학습하는 것처럼 각각의 종에 특유의 행동양식이 진화해 온 것에는 확실한 이유가 있다, 라는 것을 생각하는 시점이 그 동물에게 있어서 무엇이 정상적인 행동이고 무엇이 이상한 행동인지를 판단하는 데 매우 중요한 것이다.

2 　동물행동학의 기초적 개념

1) 동물행동학의 개념

　　근대동물행동학의 개척자인 로렌츠나 틴베르겐 등이 제창한 기본적인 개념 중에는 현대에도 통용되는 중요한 개념이 몇 가지나 있다. 그 중 하나가 생득적 해발기구라는 개념이다. 생득적이라는 것은 태어나면서부터 라는 의미로 생득적 행동이란 학습이나 연습을 필요로

하지 않고, 타 개체를 모방하지 않고, 또한 환경에서의 영향도 받지 않고 발달하는 행동을 가리키는데 이러한 생득적 행동의 조합이야말로 각각의 동물의 행동을 특징짓고 있는 것이다. 틴베르겐이 제창한 가설에서는 이 생득적인 행동이 일어나기 위해서는 열쇠자극이라 불리는 외계로부터의 감각자극이 필요하며 이 열쇠자극을 포함한 해발인자(releaser)를 인식함에 따라 그 동물 종에 특이적인 행동이 생득적 해발기구라 불리는 메커니즘을 통해 일어난다. 이것은 추상적인 개념이지만 동물행동의 기본패턴을 이해하는 데는 유용한 개념이라고 생각된다.

그 후 이 생득적 해발기구의 또 하나의 요소로서 '동기부여'를 포함하는 것이 제창되었다. 예를 들어, 번식기가 되면 먹이는 거들떠보지도 않고 이성을 요구하는 성행동이 일어나는 것은 그 시기가 주로 호르몬의 작용에 의해 생식행동에 대해 동기부여 되고 있기 때문이다. 이 점에 대해서는 뒤에서 자세히 설명하고자 한다(그림 1-4 참조).

2) 행동학연구의 4분야

동물행동학의 창설자들은 동물의 행동에 대해 다음과 같은 관점에서 취급하는 것의 중요성에 대해 설명하였다. 즉, 행동의 지근요인, 행동의 궁극요인, 행동의 발달, 행동의 진화의 각 관점으로 이것을 '행동학연구의 4분야'라고 부른다(표1-1). 각각에 대해 아래에 간단히 설명하고자 한다.

표 1-1 행동학연구의 4분야

(1) 행동의 지근요인 (Proximate factor) : 행동의 메커니즘을 연구하는 분야
(2) 행동의 궁극요인 (Ultimate factor) : 행동의 의미(생물학적 의의)를 연구하는 분야
(3) 행동의 발달 (Development or Ontogeny) : 행동의 개체발생(발달)을 연구하는 분야
(4) 행동의 진화 (Evolution or Phylogeny) : 행동의 계통발생(진화)을 연구하는 분야

어떠한 행동도 이러한 몇 가지의 다른 관점에서 바라보면 평소와 다르게 보일 것이다. 예를 들어, 수캐가 한쪽 다리를 들고 배뇨하는 행동(Raised Leg Urination ; 여기서는 다리들기배뇨라고 한다)에 대해서 이 4가지 분야를 생각해보자(그림 1-2). 수캐는 어디에나 다리들기배뇨를 하는 것이 아니다. 우선 킁킁 하고 냄새를 맡고 목표를 확인한 뒤 다리를 올린다. 그리고 한번에 방광을 텅 비울만큼 배뇨하는 것이 아니라, 아주 약간으로 그치고 다음 목표로 이동한다. 이때, 수캐의 신체 내에서는 다양한 반응과 변화가 일어나는데

그 하나하나가 신비로 넘쳐난다. 예를 들어, 수캐는 어떠한 장소를 선택하여 다리들기배뇨를 하는가, 맡은 냄새에 포함된 다른 개의 냄새는 어떠한 단서를 이용하여 개체가 식별되는 것인가, '한 곳에서의 배뇨량은 어떻게 조정되어 있는가?'와 같은 소박한 의문이 차례차례 떠오른다. 이러한 의문에 답하려는 것이 행동의 '지근요인'에 관한 연구 분야이다.

그것보다도 '이 수캐의 다리들기배뇨는 무엇을 위한 것인가?'라는 의문이 먼저 떠오르는 사람도 있을 것이다. 고양이나 토끼나 말에서는 이러한 행동이 보이지 않는다. 그럼, 어째서 개에서만 그것도 수캐에 한해서(암캐도 다리들기배뇨를 보이는 개체가 있으나 훨씬 적다) 이러한 행동이 있는 것인가? 행동은 적응적으로 진화하는 것이므로 이 행동을 가지고 있는 수캐 쪽이 이 행동을 보이지 않는 수캐에 비해, 생존하거나 번식하는데 유리하기 때문에 자손에 이 행동양식이 퍼졌음에 틀림없다. 이 행동은 분명히 마킹행동으로 생각되므로 아마도 자신의 세력권을 주장하거나 무리의 동료 또는 침입자에 대해 신호를 보내는 역할을 하고 있었던 것이다. 이처럼 행동의 의미, 즉 생물학적인 의의를 찾으려는 것이 2번째의 '행동의 궁극요인'에 관한 분야이다.

또한 '시간의 흐름과 함께 이 행동이 어떻게 바뀌어 가는가?'라는 의문에 관심을 가진 사람도 있을 것이다. 탄생(또는 수정)한 뒤 나이가 들어 수명을 마칠 때까지의 동물의 한 생애를 통한 시간 축에 따른 행동변화의 연구가 3번째의 '행동의 발달'에 관한 분야이다.

일반배뇨

한쪽 다리를 들고 배뇨

그림 1-2 행동학의 4가지 관점에서 수캐가 한쪽 다리를 들고 배뇨하는 행동을 생각해본다.
    1. 지근요인 : 일반배뇨와 어디가 다른가?
    2. 궁극요인 : 어떠한 의미가 있는가?
    3. 발달 : 새끼 때는 하지 않았지만 언제부터 하는가?
    4. 진화 : 늑대도 하는 것인가?

그리고 대상으로 하는 시간스케줄을 아주 길게 놓고 진화라는 관점에서 개의 선조를 어디까지 거슬러 오르면 '이 다리 들기 배뇨의 원점에 봉착할 수 있는가?'라는 의문에 답하기 위한 연구가 4번째의 '행동의 진화'에 관한 분야이다. 이 연구에서는 개의 선조라 생각되는 동물에 대한 오래된 지층에서 발굴된 뼈의 표본이나 화석 등의 상세한 조사와 함께, 현존하는 근연 동물종의 행동을 연구하여 예를 들어 다리 들기 배뇨라는 행동이 어떠한 환경(자연환경도 사회적 환경도 포함)에서, 어떻게 진화해왔는가를 밝혀가는 것이다.

이와 같이 하나의 생명현상에 대해 시각이나 시간스케줄을 바꾸면서 다양한 관점에서 검토함으로써 포괄적으로 이해하려는 자세는 물론 다른 학문분야에서도 필요한 것이지만 동물행동학에서는 특히 중요하다.

3) 적응도

현대의 동물행동학을 지지하는 중요한 기본적 개념 중 하나가 적응도(Fitness)라는 사고이다. 이것은 생애번식성공도(Lifetime Reproductive Success)라고 하며 수치로 나타낼 경우, 어느 동물이 낳은 새끼의 수(즉, 출산수)와 그 새끼들이 번식연령에 도달하기까지의 생존율의 곱으로 나타낸다. 행동생태학자의 말대로 '동물의 행동은 적응도를 가장 높일 수 있는 형태로 진화해 왔다.'고 생각하면 지금까지 연구되어 온 다양한 사례들이 잘 들어맞는다고 한다.

적응도를 높이기 위해 동물들이 취하는 전략은 매우 다양하다. 예를 들어, 출산수와 생존율에 한하여 생각해보면, 자신이 태어난 강을 거슬러 올라 되돌아온(모천회귀라고 한다) 연어는 한 번에 수천 개의 알을 낳는데 이 알에서 돌아온 치어의 생존율은 매우 낮고 바다에 한번 내려가 회유하고 다시 하천으로 돌아와 알을 낳기까지 생존할 수 있는 개체는 몇 마리뿐일 것으로 생각된다.

반면, 아프리카대륙에 서식하는 대형 포유류의 대표인 코끼리는 한 번의 분만에 1마리의 새끼밖에 낳지 않지만 이 새끼는 무리에서 소중히 키워져 위험이 넘쳐나는 환경에서도 성수가 될 때까지 성장할 가능성은 연어에 비해 훨씬 높다. 말하자면 연어는 대량의 알을 낳아놓기만 할 뿐, 생존력과 운이 있는 새끼만이 기적적으로 살아남는 것에 기대를 거는 번식전략을 취하는데 반해, 이와는 달리 코끼리는 단 1마리의 새끼에게 모든 희망을 품고 소중하게 키워내는 전략을 취하는 것이다. 이 점에 대해서는 제4장의 생식행동에서 더 자세히 설명한다.

이상의 예와 같이 현존하는 동물들은 다양한 번식전략을 취하면서 결과적으로 적응도를 높일 수 있는 길을 걸어온 것이다. 적응도의 상승에 성공한 동물들의 자손이 그 환경에서 번영을 한다. 이러한 관점에서 보면, 어떤 새로운 행동이 적응도의 상승으로 이어지면 그러한 행동변화를 초래한 유전자의 변이가 다음 세대에도 출현빈도가 높아지게 된다. 이렇게 하여 '세대가 거듭되는 동안 특정행동이 진화해간다.'라는 것이 이 적응도의 기본적인 개념이다.

윌리엄 해밀턴의 이론에 진전되어 리처드 도킨스는 이기적 유전자라는 개념을 제창했는데 이것은 '동물은 자신들의 종을 번영시키기 위함이 아니라, 자신의 유전자세트가 다음 세대에 의해 퍼질 수 있는 방향성의 진화를 이루어왔다.'는 것을 알기 쉽게 설명하려고 한 것이다. 동물의 행동을 분자생물학이나 신경과학 또는 수리생태학과 같은 관점을 도입하면서 재검토해보면 한층 흥미로워질 것이다. 이러한 복합적 시야를 가진 것은 동물의 의료라는 응용적 분야에서도 앞으로 점차 중요해질 것이다.

4) 이타행동과 포괄적응도

적응도를 높이기 위한 동물의 이기적이라고도 생각되는 행동과는 모순되는, 이타적인 행동의 예도 수없이 알려져 있다. 특히 혈연관계에 있는 어느 개체 간의 경우에는 서로 돕는 행동이 자주 보인다. 늑대의 무리에서는 젊은 암컷이 태어난 새끼들의 포육을 돕고, 소의 무리에서는 어미 소가 먹이를 먹기 위해 초원에 나가있는 동안 새끼들을 한 곳에 모아놓고 교대로 암소들이 보살피는 탁아소(실제 이러한 집단은 탁아소를 의미하는 creche라 불린다)와 같은 것의 존재도 알려져 있다. 야생동물의 집단에서는 동료 간에 서로 도우며 생활하는 이같이 사례가 수없이 알려져 있다.

이상과 같은 행동을 제대로 설명하기 위해 적응도의 개념을 확대하여 '포괄적응도'라는 개념이 제창되었다. 이것은 어떤 개체가 자신과 혈연관계에 있는 다른 개체의 생존과 번식을 도움으로써 자신과 공유하고 있는 유전자세트가 그 근연개체의 번식성공을 통해 다음 세대로 이어진다는 개념이다.

3 행동의 구조

1) 동물의 생득적 행동

태어나면서부터 가지고 있는 각 동물 종에 특유한 행동양식을 '생득적 행동'이라 하며 학습에 의해 후천적으로 획득된 습득적 행동(학습행동/획득행동)으로 구별한다. 예를 들어, 수캐가 전신주에 한쪽 다리를 들고 배뇨를 하는 행동은 생득적 행동이지만 주인의 명령에 따라 '앉아'를 하는 것은 학습에 의해 획득된 행동이다. 이러한 동물이 보이는 행동의 하나하나에 대해 유전적으로 결정되는 요소와 후천적으로 결정되는 요소의 각각이 차지하는 비율이 어느 정도일까를 생각해보는 것은 중요하다. 또한 생득적 행동의 패턴을 동물종 간에 비교함에 따라 동물행동의 진화까지 생각해보는 습관을 들이는 것도 중요하다.

그것은 우리 주변에 있는 개와 고양이를 예로 들어 생각해보면 알 수 있다. 개도 고양이도 선조는 원래 같은 동물이며 먼 옛날에 각각의 진화의 길을 걷기 시작한 뒤, 각각이 생활하는 환경에 더 잘 적응하기 위해 조금씩 오랜 세월동안 모습과 행동패턴을 바꾸어왔다. 따라서 현대의 개와 고양이가 보이는 정상행동양식을 이해하려면 '그들의 야생선조종이 어떠한 자연환경에서 생활하고 있었는가?' '거기서 늠름하게 생존하여 자손을 남기기 위해서는 어떠한 행동양식을 갖는 것이 중요했을까?'와 같은 문제의식을 항상 갖는 것이 의혹을 푸는데 중요한 단서가 될 것이다.

2) 고차뇌기능의 발달과 행동의 복잡화

무리의 동료들과 서로 협력하여 큰 먹이를 잡고, 육아도 공동으로 하는 늑대에서는 무리의 동료 간이 서로 끈끈한 정으로 연결되어 있고, 개체 간에는 엄격한 서열이 있어 무리의 질서가 안전하게 보존되고 있다. 그들의 사회적 행동은 매우 발달해 있고 서로의 커뮤니케이션의 방법도 복잡하며 고도로 진화한 것이다. 개들이 주인의 가족의 일원으로서 행동하고, 가족과의 교감이 큰 기쁨이 되고 그들에게 있어 자신의 둥지라고 할 수 있는 주인의 집과 정원을 침입하는 자에 대해 강한 경계를 보이는 것은 모두 늑대가 엄격한 자연환경 속에서 진화시킨 습성이 남아 있는 것이라고 할 수 있다. 한편, 쥐와 같은 작은 사냥감을 단독으로 수렵하면서 삼림 속에서 조용히 생활하던 고양이들의 선조에게는 늑대만큼 사회적 행동을 발달시킬 필요가 없었다고 생각된다. 그 대신, 고양이과 동물들이 수풀 속에서 눈에 띄지 않는 색채의 피모를 입고, 소리를 내지 않고 먹이에 접근할 수 있는 유연한 몸과, 자유롭게 뺐다가 감출 수 있는 발톱과 같은 사냥을 위한 무기를 손에 넣은 것이다.

동물 종에 의한 행동의 차이이나 행동의 진화와 같은 것을 생각하기 위해, 예를 들어 쥐의 행동과 개의 행동을 비교해보자. 같은 포유류에 속하는 둘의 행동을 비교해보면 먹이를 먹거나 휴식하거나 배설하거나 영역을 지키거나 육아를 하는 등 상당히 비슷한 부분도 많이 있지만, 하나하나의 행동의 다양성이나 유연성이라는 점에서는 개 쪽이 뛰어나다는 것을 알 수 있다. 행동의 유연성이라는 것은 상황에 따라 새로운 행동양식을 학습하거나 조립하는 능력에 관련되며 이것은 뇌, 특히 대뇌신피질의 발달과 관계가 깊다. 쥐도 개도 그리고 사람도 뇌의 중심에 가까운 부분의 구조나 기능은 거의 동일하다. 이 부분은 호흡이나 순환, 체온과 같은 자율기능을 유지하고, 에너지의 균형을 감시하고 있어 식욕을 일으키거나 휴식을 지시하는, 즉 살아가기 위해 반드시 필요한 신체의 기능을 제어하는 뇌간의 부분이다.

이러한 기본적인 생명활동부분은 공통이지만 그 뇌간을 감싸는 외투부분, 즉 신피질의 발달정도에는 종간에 큰 차이가 보인다. 가장 발달한 유인원 등에서는 신피질이 뇌 전체를 완전히 덮어서 감추고 있다. 이 대뇌신피질은 다양한 고차의 뇌기능에 관련되어 있는데 그 중에는 과거의 경험에 비추면서 상황에 대응한 적절한 행동을 선택하여 실행하거나, 그 상황에서의 특정결과를 정동반응과 관련지어 학습하거나, 장래의 사건을 예측하여 불안이나 기대를 일으킴으로써 행동패턴에 영향을 주거나 하는 것 등이 포함되어 있다. 그리고 이 뇌 부위의 발달정도가 동물 종에 따른 차이가 가장 크고 행동양식의 차이와도 밀접하게 관련되어 있는 것이다. 현대의 생물학에서는 하등·고등이라는 말은 거의 사용되지 않고, 더 복잡한 시스템 또는 심플한 시스템이라는 관점에서 동물을 비교한다. 즉, 개는 쥐에 비해 더 복잡한 뇌(특히 신피질)를 가지고 있으며 이것이 행동의 다양성과 유연성을 만들어내고 있는 것이다(그림 1-3).

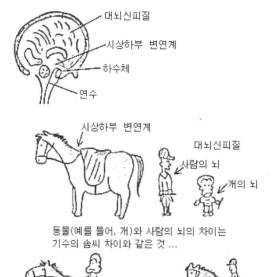

그림 1-3 뇌의 발달과 행동의 복잡화

3) 인간의 관여가 초래하는 행동의 변화

인간과 함께 생활하는 동물들, 즉 가축이 보이는 행동은 기본적으로 야생의 선조종이 보이는 행동과 매우 닮았다. 그러나 제2장에서 자세히 설명하겠지만 가축화(포획된 야생동물에게 먹이를 주고 길들이고 또한 번식도 인간이 관리하고 특정목적을 위해 육종개량을 해가는 장기간에 걸친 프로세스)의 과정에서 크게 변화한 행동도 적지 않다. 예를 들어, 소나 말을 인간이 키우기 시작했을 때를 생각해보자. 포획된 동물의 대부분은 식량이 되고 소수만이 남겨졌다 하더라도 주변에 남겨 놓기 위해 최초로 선발된 동물들은 아마도 얌전하고 인간을 잘 따르는 동물이었을 것이다. 반대로, 경계심이 강한 동물이나 공격적인 동물은 맨 먼저 처분되었을 것이다. 가축화의 과정에서 동물의 행동패턴에 큰 영향을 미친 요인으로는 이러한 인위적인 육종선발과 더불어, 야생에서는 동물들이 생활의 대부분의 시간을 보내고 있던 식량을 획득하기 위한 행동이 주인의 먹이공급에 의해 불필요해지고, 인간의 관리 하에 놓임으로써 외부의 적으로부터 보호되고 안전도 제공된다, 라는 큰 환경변화도 들 수 있다.

따라서 우리 주변의 동물들의 행동을 이해하기 위해서는 다음의 2가지 개념이 중요하다. 첫째, 야생의 선조 종의 행동에 대해 그들이 생활하는 자연환경(거기에는 먹이가 되는 식물이나 동물이 존재하나 항상 충분한 것이 아니며, 적인 포식자가 있어 위험과 늘 함께 생활하고 있고, 계절에 따른 기후변화 등 혹독한 환경도 있다) 속에서 어떻게 하여 각각의 종을 특징짓는 외모적 변화(신체의 크기나 형태)가 진화했고, 동시에 특유의 행동양식이 진화해 왔는지를 생각해보는 것이다. 이렇게 함으로써 '그들에게 있어서는 무엇이 정상행동인가?'라는 것이 비로소 이해되고, 그 이유가 보이게 될 것이다.

둘째, 그런 다음 인간과 함께 생활하게 됨으로써 '동물들의 행동에 어떠한 변화가 일어났는가?'를 생각해보는 것이다. 그 변화의 원인은 앞에서 말했듯이 인간의 상황에 따른 육종선발도 있을 것이고, 혹독한 자연도태를 피함으로써 나타나는 변화도 있을 것이다. 이러한 생태학적 입장, 그리고 적응 진화적 사고에서 동물을 바라보려는 자세와 방법을 갖는 것이 동물행동학을 배우는데 있어서 무엇보다 중요하다.

4) 행동이 일어나는 구조

(1) 생득적 해발기구

생득적 행동(Innate Behavior)이란 학습이나 훈련 없이, 다른 개체에서 모방하지 않고, 그리고 환경의 영향도 받지 않고 발달하는 행동을 말한다. 즉, 각각의 동물 종에 태어나면서부터 갖추어져 있는 특이적인 행동레퍼토리(Repertoire)이다. 이러한 생득적 행동을 일으키는 자극을 열쇠자극이라 하며, 열쇠자극을 포함한 해발인자에 의해 행동이 일어나는 구조를 생득적 해발기구(Innate Releasing mechanism)라 한다. 단, 대부분의 경우 특히 포유류 등에서는 엄밀한 의미의 생득적 행동은 거의 없고 대부분의 행동은 실제로는 학습의 요소와 생득적 요소가 복잡하게 얽혀서 성립되어 있다.

(2) 행동의 동기부여

열쇠자극이 있어도 동기부여가 없으면 행동은 일어나지 않는다. 동물이 시기의 차이에 따라 먹이나 다른 개체에 대해 다른 행동을 하는 것은 내적 상태가 다르기 때문이며 동기부여(Motivation)는 어떤 목적을 위해 동물이 특정행동을 하는데 필요한 메커니즘이다(그림 1-4). 예를 들어, 아무리 맛있는 먹이를 보여줘도 이제 막 식사를 마친 만복일 때는 먹고 싶어 하지는 않을 것이다. 즉, 이 경우 먹이라는 열쇠자극에 의해 나타나야 할 섭식행동이 식욕이라는 동기부여레벨이 낮기 때문에 일어나지 않는 것이다.

섭식중

발정암컷의 신호수신

동기부여상태의 변화

생식행동 > 섭식행동

그림 1-4　동기부여상태의 변화가 가져오는 행동변화

동기부여는

① 개체의 생존을 위한 식욕, 수면욕, 배설욕, 체온과 호흡의 유지욕과 같은 호메오스타시스(homeostasis)성 동기부여

② 종의 존속을 위한 성욕과 육아욕과 같은 번식성의 동기부여

③ 호기심이나 조작욕, 접촉욕과 같은 내발적 도기부여

④ 정동적 동기부여

⑤ 사회적 동기부여 등 다양한 종류로 분류할 수 있다는 것이 제창되었다.

　어느 행동에 동기부여 되어 있는 동물이 보이는 탐색적 행동을 욕구행동(Appetitive Behavior)이라고 한다. 예를 들어, 공복의 개체가 적극적으로 먹이를 찾는 행동은 욕구행동이며, 이 행동의 경우의 최종목표인 채식(採食)행동은 완료행동(Consummatory Behavior)이라 하여 구별된다.

(3) 동물의 감각세계

　우리들 인간이 생활하는 감각세계는 동물들의 감각세계와 같은 것만은 아니다. 예를 열거하자면 끝이 없지만 예를 들어, 어느 종의 뱀은 공기관(Pit Organ)이라는 적외선탐지장치를 머리에 가지고 있어 어둠 속에서도 체온을 단서로 먹이인 쥐 등의 소동물의 위치를 정확히 찾아낼 수 있다. 마치 우리들이 적외선스코프를 사용하여 야간에 침입자의 감시를 하는 것과 같은 시스템을 가지고 있는 것이다. 또한 외양간올빼미는 야행성 조류인데 약간 위, 아래로 어긋난 좌우의 귀에 도달하는 음의 시간차로 음파정위를 하여 먹이가 있는 곳을 정확히 알아낼 수 있다.

　후각에 관해서 말하면, 일반적으로 동물은 인간에 비해 훨씬 예민하며, 예를 들어 개는 냄새에 의한 개체식별 따위도 간단히 해내고, 누에나방의 성페로몬인 본비콜은 수 km 떨어진 곳에 있는 수컷을 부를 정도로 강력한 작용을 가지고 있다. 이와 같이 시각, 청각, 후각 등 어떠한 감각에 대해서도 동물과 인간은 지각할 수 있는 정보의 물리화학적 성질과 감도에 큰 차이를 보이는 경우가 많다. 각각의 동물 종에 따라 감각세계가 다르다는 것을 이해해두는 것은 상대방(취급하는 동물)의 입장에 서서 생각하기 위한 필수조건이기도 하다. 왜냐하면 인간에게는 아무 것도 아닌 자극(예를 들어 가청범위외의 초음파)이 개나 고양이에게 있어서는 견디기 힘든 고통(이 경우는 소음으로서)이 될 수 있기 때문이다.

(4) 커뮤니케이션과 신호

　개와 고양이의 사회적 행동과 커뮤니케이션에 대해서는 제6장과 제7장에서 배울 것이므

로 여기서는 커뮤니케이션에 사용되는 신호의 의미에 대해 간단히 설명해두기로 하자.

동물은 각각의 종에 특유한 울음소리와 소리(청각신호), 표정, 자세와 동작(시각신호) 또는 체취와 페로몬(후각신호) 등을 사용하여 정보를 교환한다. 이러한 신호가 전달하는 내용으로는 개체의 귀속에 관한 정보(조, 성, 연령, 집단, 혈연 등), 개체의 내적 상태에 관한 정보(영양, 내분비, 동기부여, 정동 등), 외계의 사상에 관한 정보(먹이나 적의 존재 등) 등을 들 수 있다. 특히 동료 간의 커뮤니케이션에 관한 것으로 동물행동의 진화과정에서 하나의 신호행동이 매우 정형적이면서 명료해진 것을 의식화(Ritualization)된 행동이라 부르는 경우가 있다. 동물들이 보이는 행동의 레퍼토리를 충분히 이해함에 따라 그 개체에 관한 다양한 정보를 얻을 수 있으므로 커뮤니케이션이나 신호에 대해 알아둘 필요가 있다.

(5) 행동의 발달과 학습

캘리포니아공과대학의 연구그룹에 의해 실시된 작은 새의 지저귐에 관한 흥미로운 연구가 있다. '태생이냐 환경이냐'라는 말이 자주 사용되는데 이 그룹에 의한 발견은 2가지 모두 행동발달에 매우 중요하다는 것을 명쾌하게 제시한 것으로 유명하다.

이것은 울참새라는 새의 지저귐이 같은 캘리포니아 주 안에서도 서식하는 장소에 따라 조금씩 다르다, 즉 방언이 있다는 현상을 들어 그 구조를 조사한 것이다. 이 새의 경우, 병아리가 알에서 부화한 직후의 한정된 시기에 주위에서 지저귀고 있는 부모들의 노래를 우선 주형(鑄型)으로서 뇌에 기억한다. 병아리는 태어나서 곧바로 노래를 할 수는 없지만 성장하여 노래하기 위한 기관이 발달하면 곧 지저귀기 시작한다. 이때 나오는 방언, 즉 지저귐의 패턴은 사실 '어릴 때 주형으로서 기억된 기억에 비추어보면서 자신의 울음소리를 그것에 근접시키도록 노래를 완성시키는 것으로, 그 시기에 우연히 주위에서 울고 있는 다른 새의 소리가 견본이 되는 것이 아니다.'라는 것이 오랜 세월의 연구를 통해 밝혀졌다. 즉, 새의 지저귐은 본능적으로 처음부터 내재되어 있는 것이 아니라, 어느 시기에 기억이 형성되고 한참 뒤에 필요해졌을 때 그 기억을 불러내 이것을 견본으로 연습을 반복함에 따라 각 토지의 방언이라 할 수 있는 독특한 지저귐이 탄생하는 것이다. 이와 같은 현상을 '개체발생에서의 행동의 가소성'이라고 한다.

반면, 포유류를 보면 말이나 소의 새끼는 태어난 그 날에 어미를 따라 초원을 이동할 수 있는 것에서도 알 수 있듯이 운동계나 감각계가 거의 완성된 상태로 탄생하는 조성성 동물이지만, 개나 고양이와 같이 매우 미숙한 상태로 태어나 눈을 뜨고 귀가 들릴 때까지 며칠이나 걸리는 만성성 동물도 있다. 어느 쪽도 포유하기까지는 어미의 존재가 반드시 필요하지만 개나 고양이의 새끼는 어미에 대한 의존도가 더 높으며 맨 처음 1, 2주는 그야말로 하나에서 열까지 어미의 보살핌을 받지 않으면 살아갈 수 없다. 그 후에도 그들은 복잡한 사냥 법을 포함하여 독립을 위해 필요한 많은 것들을 부모로부터 배우기 때문에 행동패턴의 형성에 대한 학습요소도 상대적으로 커진다. 이와 같이 동물 종에 따라서도 행동발달의 학습의 중요성은 다른 것이다.

위에서 새를 예로 들어 행동발달에 유전과 환경의 양쪽이 영향을 미친다는 것을 설명했는데 포유류도 마찬가지라는 것을 제시한 연구가 있다. 이것은 고양이에 대해 실시된 것으로 사람을 잘 따르는 수컷고양이를 아빠로 가진 새끼들은 그렇지 않은 새끼들에 비해, 성장했을 때 사람을 잘 따르는 고양이로 성장할 가능성이 높은데, 그렇게 되기 위해서는 사회화기라 불리는 시기(제3장)에 충분히 인간과 접해둘 필요가 있다, 라는 것을 제시한 연구이다(그림 1-5). 이러한 연구에서 확인된 것은 흔히 말하는 '태생이냐 환경이냐' 보다도 실제로는 '태생도 환경도'이며 유전적인 요인은 환경조건이 정돈됐을 때 비로소 표현형으로서 행동에 나타난다는 것이다.

'천성인가 환경인가'의 양쪽이 모두 중요하다는 것을 제시한 연구

사람을 좋아하는 아빠　사람을 싫어하는 아빠

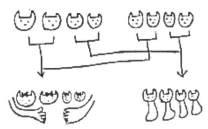

각각의 아빠의 새끼 중 절반은 사람이 충분히 보살펴 성장한 뒤의 반응을 조사하였다.

그 결과, 사람을 좋아하는 아빠고양이의 새끼들은 사람이 보살폈을 때에만 사람을 따르는 고양이가 되었다.

그림 1-5 새끼고양이의 성격에 미치는 아빠고양이의 영향

학습에는 다양한 종류가 있다는 것이 알려져 있으며 그 중에는 소위 '고전적 조건화'나 '조작적 조건화'(모두 제8장에서 배운다), 그리고 다른 동물의 행동을 흉내 내는 '모방'이나 경험과 지식을 이용하여 시행착오 없이 갑자기 행동하는 '동찰학습'이라는 것도 포함된다. '임프린팅(imprinting)'이라는 현상은 거위나 기러기 등의 조성성 조류에서 특히 유명한데 태어난 지 얼마 되지 않은 시기에 최초로 본 움직이는 것을 부모로 인식하여 따르거나 그것이 장래의 배우자선택을 좌우하는 등 장기에 걸쳐 행동에 영향을 미치는 것이다. 이 임프린팅이 일어나는 시기를 과거에는 '임계기'라 불렀으나 현재는 '사회화기' 또는 '감수기'라고 부른다. 개나 고양이의 행동발달에 대해서는 제3장의 '2. 행동발달의 과정'을 참조할 것.

(6) 행동의 진화와 유전

동물은 각각의 종에 특유한 다양한 행동양식을 보인다. 이러한 다양성은 행동진화에 따라 만들어진 것인데 사실 행동학발전의 초기에 큰 영향을 가져온 고전적 개념의 하나로 '행동도 자연도태의 대상이 될 수 있다'라는 개념이다. 이것은 동물의 모습, 크기와 같은 외면적인 특징이 종에 따라 다른 것과 마찬가지로 행동양식도 동물 종에 따라 다른데, 두 경우 모두 동일한 원리에 의해 환경에의 적응과 진화가 일어난 결과로서 오늘날에 보이는 다양한 종의 차이가 만들어졌다는 개념이다. 이것은 다윈이 제창한 '자연선택설'(그림 1-6)에서 보면 이해하기 쉬울 것이다. 이 설은 이하의 5가지 원리로 성립된다.

① 동종의 생물이라도 모두가 같은 것은 아니다. 개체 간에는 변이, 즉 개체차가 존재한다.
② 모자의 모습이 비슷한 것처럼 어떤 종의 변이는 유전된다.
③ 생존과 번식에는 다양한 경쟁이 존재한다. 즉, 한정된 먹이와 둥지 또는 배우자 등을 둘러싸고 개체 간에 경쟁이 일어나기 때문에 태어난 모든 새끼들이 성장할 때까지 자라서 자손을 남길 수 있는 것은 아니다.
④ 생존 또는 번식에서 우수한 능력을 가진 개체는 타자와의 경쟁에서 이겨 자손을 남길 수 있는 기회가 커진다. 그 결과, 다음 세대에서는 그 능력(형질)에 관한 집단 내의 유전자변이의 상대적 빈도가 높아지게 된다.
⑤ 이처럼 생물집단이 세대를 거듭해가는 동안 그 집단전체로서 보면 그 시대의 환경에 보다 잘 적응할 수 있는 유전자를 가진 개체가 다수를 차지하는 집단으로 서서히 변화해 간다.

C. 다윈(1809-1882)
진화론을 제창한 영국의
자연과학자

예를들어, 동물A에서
이의 튼튼함에 큰개체
차이가 있다고하자

그형질은 유전
되므로 자식은
닮게 된다

어느 시대에
어느 환경에서
매우 딱딱한
음식만 있었다

이가 튼튼한 개체는
번식에 성공하여
집단 내에서
비율이 증가한다

〈따라서 적응에 유리한 형질이 진화한다〉

그림 1-6 다윈의 자연선택설

이상의 원칙은 그대로 행동 진화에도 적용될 수 있다. 따라서 어떤 동물이 보이는 아무렇지 않은 행동 속에도 놓인 환경에 보다 잘 적응하도록 오랜 세월동안 진화해 온 행동이 많이 포함되어 있을 것이고 그 의미에 대해 깊이 생각해보는 것이 중요하다.

복습

① 생득적 해발기구   ② 행동의 동기부여   ③ 행동의 발달과 진화

과제 1

① 주변의 동물의 행동을 몇 가지 들어보고 동기부여나 열쇠자극에 대해 생각해보자.

chapter 2

가축화에 의한 행동의 변화

학습목표

① 가축화의 과정에서 일어나는 행동의 변화에 대해 이해한다.

② 문제행동의 정의에 대해 이해한다.

1 서 론

수렵의 대상이던 동물(예를 들어, 야생의 소)을 살아있는 채로 포획하여 먹이를 주고 키우게 되자, 곧 번식에도 사람이 관여하게 되어 결과적으로 그 외모(모습)이나 기질(행동특성)도 사람이 요구하는 목적에 따라 크게 변화하기 시작했다. 이것은 주로 사역을 목적으로 가축화 된 동물(예를 들어, 개나 말)에 대해서도 마찬가지였다. 현재, 우리들 주변에 있는 가축에는 각각의 선조종의 동물들이 야생에서 오랜 세월을 거쳐 진화시켜 온 행동양식이 군데군데 진하게 남아 있으나, 동시에 가축화의 과정에서 일부 행동은 크게 변용되어 온 것도 사실이다. 동물의 행동을 생각하는 경우에는 이 양쪽의 관점에 유의할 필요가 있다.

2 개와 고양이의 가축화의 역사

개나 고양이는 현대에는 애완동물로서 많은 가정에서 길러지고 있지만 야생동물에도 늑대(개과)나 살쾡이(고양이과)와 같은 그들의 동료인 동물종이 수많이 존재한다(그림 2-1). 사실, 근원을 거슬러 오르면 개과나 고양이과 동물의 선조는 동일하다고 생각된다. 그것은 지금으로부터 수천만 년 전에 나타난 소형 육식동물(Miacis)로 숲속에서 곤충 따위를 먹으며 생활하고 있었다. 그리고 그 중의 어떤 그룹이 곧 숲에서 초원으로 나와 넓은 장소에서 먹이를 집단으로 쫓으며 사냥을 하는 개과 동물이 되었다. 장거리를 고속으로 달릴 수 있는 운동능력은 이것을 위한 것이다. 또 사냥을 성공시키기 위해서는 무리의 동료들 간의 커뮤니케이션이 중요하기 때문에 귀나 꼬리를 움직이거나 얼굴표정이나 음성을 사용해 서로의 마음과 신호를 전달할 수 있게 되었다. 또 그들은 팀워크로 효율적으로 사냥할 수 있도록 무리의 리더의 지시에 따라 행동한다. 이러한 특징은 야생의 늑대뿐 아니라, 가정에서 사육되는 개들에게도 계승되어 개는 주인과 그 가족을 마치 무리의 리더 또는 동료로 인식하고 행동하는 것처럼 보인다.

하지만 개와 늑대가 다른 점은 개의 경우엔 늑대보다 훨씬 다양한 바디랭귀지를 가지고 있고 인간과 같이 살면서 얼굴에 다양한 표정을 가져 왔으며 이는 개 또한 오랜 시절 인간 옆에 머물면서 인간이란 동물을 연구하고 학습해온 결과라고 할 수 있겠다.

개와 고양이의 야생근연종

늑대
장거리를 고속으로
주행할 수 있는 신체

살쾡이
숲속에서 눈에
띄지 않는 무늬

그림 2-1 늑대와 살쾡이

반면, 초원으로 나가지 않고 삼림에 남은 것이 고양이과 동물이 된 것으로 생각된다. 숲속에서는 무리를 만들어 사냥을 하는 것보다 단독으로 그늘에 숨어서 먹이를 기다리거나 슬그머니 다가가 먹이를 포획하는 쪽이 유리할 것이다. 따라서 많은 고양이과 동물들은 체표가 숲속에서 눈에 띄지 않는 줄무늬나 반점무늬로 덮여 있고, 소리 내지 않고 걷거나 나무 위에 오르기 적합한 유연한 신체를 가지고 있다. 원래 단독으로 생활하고 있던 고양이가 사람과 함께 생활하기 시작한 것은 개보다 훨씬 뒤의 일이며, 그 관계도 처음에는 곡물창고의 쥐를 퇴치하기 위한 것이었고 사람과의 관계는 다른 가축에 비해 다소 먼 것이었다고 생각된다.

가축화의 정의 중 하나는 번식을 사람이 컨트롤한다는 것이다. 그러한 의미에서 개는 사람과 생활하기 시작한 가축화의 비교적 이른 시기부터 사람이 번식을 컨트롤하여 크기나 모습을 다양하게 바꾸거나 특수한 능력을 끌어내기 위한 인위적인 육종선발을 반복해왔다고 생각된다. 현재는 널리 보급되어 있는 대표적인 것만으로도 약 140종의 견종이 알려져 있으며, 전 세계에는 400종류 남짓의 견종이 존재하는 것처럼 하나의 종으로서는 크기도 모습도 실로 변이가 풍부한 유일한 동물이다. 반면, 고양이는 비교적 최근까지 번식이 자연에 맡겨져 있어 전 세계의 고양이를 비교해보아도 크기나 형태에 대해 개만큼 다양성은 보이지 않는다.

하지만 고양이 또한 육종가들이 꾸준한 선택 번식을 통해 다양한 체형과 성격 등이 만들어 져 왔으며 점점야생의 고양잇과 동물과는 큰 차이를 보이고 있으며 길고양이 경우에도 그 개체의 수가 늘어남에 따라 그들이 행동 양식에도 변화가 보여 지고 있다.

예를 들면 기존의 고양이는 독립적이고 단독 생활을 즐기는 동물로 알려 져 왔으나 주변에 먹이가 풍족한 경우에는 작은 무리를 지어 생활하거나 공동육아를 하는 사례도 발견되며 자신의 새끼를 보호하기 위해 암고양이가 일부러 여러 마리 수컷과 교미를 하는 행위를 하는 등(수컷 고양이는 자신의 새끼가 아니면 죽이는 습성이 있으나 여러 마리 수컷과 난교를 하게 되면 자신의 새끼일 가능이 높아 수고양이의 새끼에 대한 공격성이 줄어들게 됨) 주변 환경에 맞게 그들의 행동양식을 꾸준히 발달 시켜왔음을 알 수 있다.

3 환경변화와 유전적 다양성

자연계의 환경은 같은 장소라도 시기에 따라 다양하게 나타난다. 예를 들어, 빙하기나 온난기가 반복되는 지구규모의 커다란 변화뿐 아니라, 개개의 동물을 둘러싼 작은 환경도 시시각각 변화하고 있다. 그리고 그 환경에 가장 잘 적응할 수 있는 성질과 행동양식을 갖추고 태어난 동물종이 그 시대에 번영한다는 일반적인 법칙이 있다. 큰 번영을 이룬 뒤, 지금으로부터 수천만 년 전에 갑자기 멸종한 공룡은 그 좋은 예이다.

동물행동학은 생태계가 형성 되고부터 존재해 왔다.

포식자와 피식자의 관계형성이 됨으로써 자연스럽게 서로간의 행동양식을 관찰하고 학습하게 되었으며 주변 환경에 따라 행동 양식도 달라져 왔다.

포식자의 경우 피식자의 행동을 관찰하고 학습하여 피식자를 쉽게 사냥하는 방법을 연구하게 되며 반대로 피식자의 경우 포식자의 행동양식이나 행동반경 등을 관찰하고 학습하여 자신의 안전을 도모하게 된다. 또한 직접적인 상대의 행동뿐만 아니라 다른 피식자 그룹의 행동을 통해서도 위험이 다가오는걸 감지 할 수 있기 때문에 특히 피식자인 경우엔 다양한 동물들의 행동 약식에 민감하게 반응하게 된다.

예를 들면 시야가 확보되지 않는 풀숲에서 사슴은 호랑이의 존재를 자신의 시각과 후각뿐만 아니라 주변의 다른 생물들의 행동 소리에 의해 호랑이가 다가오는 것을 감지 할 수가 있다.

먼저 호랑이를 발견한 새의 날카로운 울음소리와 원숭이들의 불안한 울음소리와 행동을 통해 본능적으로 호랑이가 자신의 주변에 다가왔다는 것을 알게 되는 것이다.

이는 비단 동물간의 행동양식 뿐만 아니라 인간과 동물사이에도 존재 하고 있는 법칙이다.

야생동물의 행동양식은 서식환경에 의해 결정되어 왔으며 같은 종에서 분리된 종이라 할지라도 처해진 환경에 따라 각각의 다른 행동양식을 발달시켜온 경우도 많다.

예를 들면 고산지대에 서식하는 도마뱀과 낮은 지대에 서식하는 도마뱀의 경우 번식하는 방법을 달리한 경우를 들 수 있다. 고산지대에 서식하는 종의 경우 상대적으로 낮은 기온 때문에 지열(땅속의 열)에 의한 부화가 어려운 환경이자 자신이 직접 몸을 따뜻하게 할 수 있는 양지 바른 곳을 찾아다니며 자신의 배속에서 알을 부화 시키는 난태생의 번식방법을 택하였고 저지대에 서식하는 도마뱀의 경우엔 땅속에 알을 낳고 지열을 이용하여 부화시키는 난생의 번식방법을 택한 사례가 발견 되었으며 어치종류의 새 중 미국 남부 사막지역에 서식하는 푸른 어치새는 다른 어치들과 달리 혈연으로 맺어진 그룹을 지어 생활하며 한 쌍의 대장 새들만이 번식하며 태어난 새끼를 모두 같이 양육하는 방식으로 자신의 번식을 자제하고 무리의 번식을 위해 헌신하는 것을 볼 수가 있다. 이는 일반적인 조류의 번식행위와는 동 떨어지는 번식 방법이나 척박한 자연환경에서 그 종이 살아남기 위해 선택한 방법이라고 볼 수 있겠다. 또한 큰 고양이과 동물들도 환경에 의해서 행동의 변화가 일어난 좋은 예로 볼 수 있다. 사자와 같이 철저한 무리생활을 하는 경우는 사바나 초원지대에 서식하기에 무리생활의 습성이 강화되었을 것이다. 정글에서 서식하는 표범이나 재규어 등과 같이 은폐할 수 있는 장소가 부족한 초원지대나 사바나에 서식하는 사자들은 무리사냥의 습성을 가지고 있는 개체들만 살아남을 수 있는 환경이기 때문이다. 은폐할 곳이 부족한, 같은 지역에서 서식하는 치타와 같은 경우는 강인한 힘을 낼 수 있는 큰 근육을 포기한 대신 빨리 뛸 수 있는 신체구조로 진화하여 행동하였기에 단독이거나 소수의 그룹으로도 서식지에서 생존에 성공한 경우라 할 수 있다. 야생동물들은 이처럼 자연의 다양한 환경에 노출되어 적응해 가는 과정에서 다양한 행동양식을 발달 시켜 왔다.

이러한 환경변화는 예측할 수 없는 것이기 때문에 동물들은 유전적인 다양성을 확보함에 따라 특정한 환경변화(이것에는 기생체나 포식자 등 생물학적 환경변화도 포함된다)가 일어나더라도 한 번에 모든 개체가 멸종하지 않도록 준비되어 있는 듯하다. 단지 이것은 어디까지나 특정지역에 서식하는 큰 집단전체의 변화에서 봤을 때 결과적으로 그렇게 보일 뿐, 실제 진화는 집단을 구성하는 멤버 간의 생존이나 번식을 둘러싼 경쟁을 기반으로 일어난다는 사실에 주의해야 한다.

가축화에 따라서도 동물을 둘러싼 환경은 역시 크게 변화한다. 그 최대의 요소는 사람의 보호관리 하에 놓인다는 것이다. 예를 들어, 실내 사육에 의해 혹독한 기후조건이 완화되거나 필요한 영양을 정기적으로 공급받는 환경변화를 생각할 수 있다. 야생동물은 번식기를 제외하고는 일어나 활동하는 시간의 대부분을 먹이섭취에 보낸다고 해도 과언이 아니다. 먹이를 잘 획득할 수 없는 개체, 예를 들어 육식동물이면 사냥이 서투른 개체는 살아남을 수 없으므로 결과적으로 자손을 남기는 것도 어렵기 때문에 사냥의 능력저하를 가져올 수 있는 유전적 변이가 일어났다 해도 결국은 다음 세대에 전달되지 않고 도태되어 버리는 것이다.

마찬가지로 생식행동(성행동과 육아행동이 포함된다)에 어떠한 결함을 초래하는 유전적 변이가 일어났다 해도 자손을 만들어낼 수 없다는 점에서 그 형질은 즉시 자연도태 되어 버리므로 다음 세대에는 전달되지 않는다. 이와 같이 야생동물이 생존하여 번식하기 위해 필요한 기본적인 기능은 항상 강한 도태압을 받고 있는 것이다. 그러나 사람이 동물의 생존이나 번식에 개입함에 따라 생득적인 행동양식에 어떠한 결함이 있는 개체도 생존하여 자손을 남길 수 있게 된다. 이것이 인위적인 환경에서, 즉 가축화의 과정에서 일어날 수 있는 대표적인 변화이다. 일례를 들면, 야생의 어미 소는 누군가가 자신의 새끼에게 손을 대려고 하면 격렬한 공격을 보여 자신의 새끼를 보호하려고 하는 반면, 젖소의 대표인 홀스타인종의 어미 소들은 출산한지 얼마 안 된 새끼소를 데려가도 태연히 대량의 젖을 계속 방출한다. 이것은 인위적인 선택에 의해 모성행동의 발현이 약한 개체, 특히 모성에 관련된 공격성이 낮은 개체가 선발되어 온 결과이며 이러한 의미에서 가축이 보이는 행동 속에는 크게 인위적인 편중이 가해진 것이 포함되어 있다는 점에도 주의가 필요하다.

행동학의 연구가 중요한 이유는 비단 인간이 동물을 관찰 하는 것이 아니라 동물들 사이에서도 다른 동물의 행동을 관찰하고 그 행동이 뜻하는 것이 무엇인지 알아가는 학습을 통해서 야생에서 살아남을 수 있게 되는 중요한 단서이자 신호인 것이다.

4 육종선발과 행동특성

육종선발이란 번식이 인위적 관리 하에 놓인 동물에서 어떠한 특성에 주목하여 사람이 다음 세대의 번식에 이용하는 동물을 인위적으로 선발하는 것이다. 아마도 초기의 가축화 단계에서는 포획된 동물 중에서 성질이 난폭한 공격적인 개체는 맨 먼저 도태되고 얌전하고 사람이 제어하기 쉬운 동물이 남게 됐을 것이다. 이러한 성격의 동물의 몇 세대에 걸쳐 선발됨에 따라 온순한 행동특성이 고정되고 더 유용한 가축계통이 만들어졌을 것으로 추측된다.

실제로 이 추측을 증명하는 예로 여우의 육종에 관한 유명한 실험이 알려져 있다(그림 2-2). 이것은 구소련시대에 양식된 여우의 큰 집단에서 이루어진 것으로 매년 태어나는 많은 새끼들 중에서 가장 얌전하고 사람을 잘 따르는 개체를 선발하여 그러한 암수를 조합하

사람을 잘 따르게 하기 위해 은여우를
20년에 걸쳐 선택교배한 결과
개와 같은 특징이 수많이 보이게 되었다.

그림 2-2 행동의 육종개량에 따른 형태변화

여 출산시키고, 또 그 새끼들 중에서 가장 사람을 잘 따르는 개체를 마찬가지로 선발하여 번식시키는 것을 20세대에 걸쳐 반복한 결과, 마치 개와 같이 사람에게 순종적인 여우가 만들어졌다고 한다. 또한 매우 흥미로운 사실은 이렇게 마지막에 남은 여우들에게는 행동 변화뿐 아니라, 개와 같이 귀가 처지고 꼬리가 말리고, 더군다나 얼룩무늬의 모피를 가지는 형태적인 변화도 보인 것이다(여담이지만, 이 실험결과에서 모피와 성격의 관계성에 대한 관심이 야기되었다).

앞에서 말했듯이 인간이 그 젖을 이용하는 젖소에서는 모성행동도 인위적으로 크게 변화 되어 왔을 것으로 생각된다. 제6장에서 설명하겠지만 포유류의 공격행동은 몇 가지 카테고 리로 분류되는데 모성에 관련되는 공격은 모든 공격행동 중에서 가장 심한 것 중 하나이며, 더군다나 위협 없이 갑자기 전력을 다한 공격으로 변한다는 특징을 갖는다. 모성에 따른 공격행동에의 부기부여는 매우 강력하며 어미는 새끼를 지키기 위해서라면 상대가 자기보 다 강하더라도 과감하게 싸움에 임하는 경우도 적지 않다. 이러한 강력한 공격행동은 아마 도 사람이 소를 가축화하는데 매우 성가신 행동이었기 때문에 이러한 공격행동을 포함한 모성행동을 잘 보이지 않는 개체가 몇 세대에 걸쳐 선발된 결과, 현재와 같은 온순한 성격 의 젖소가 만들어진 것으로 생각된다.

개나 고양이에 대해서도 마찬가지이다. 특히 개의 경우는 수렵이나 목축을 중심으로 다 양한 목적에 따라 육종선발이 이루어져 온 결과, 그 행동특성도 품종에 따라 크게 달라져왔 다는 것이 알려져 있다.

5 문제행동이란?

미국의 조사에 따르면 애완동물로 길러지고 있는 개의 사인(死因) 중 1위는 사실 안락사 로, 또 안락사가 되는 원인 중 1위는 문제행동으로 그 비율이 절반을 넘는다고 한다. 안타 깝게도 일본에서는 아직 정확한 데이터가 없지만 아마도 일본의 경우 문제행동만이 원인이 되는 안락사는 미국만큼 많지는 않을 것으로 생각된다. 그 이유는 명확하지 않지만 배경에 는 구미의 사람들과 일본인들의 동물관이나 생명관의 차이가 있는지도 모른다.

1) 문제행동과 이상행동

제9장 이후에서 자세히 설명하겠지만 문제행동의 가장 일반적인 정의는 '주인이 문제라 고 간주하는 행동'이다. 이것은 이하와 같이 몇 가지 범주가 포함된다. 우선, 동물이 보이는

행동 레퍼토리가 정상 레퍼토리에서 크게 벗어난 것으로 이것은 이상행동이라 불린다. 다음으로 동물이 보이는 행동 레퍼토리는 정상범위에 있으나 그 행동이 일어나는 빈도가 정상의 것에 비해 비정상적으로 많거나 반대로 적은 경우로 이것도 문제행동으로 간주되는 경우가 있다. 마지막으로 그 행동자체는 동물에게 있어 완전히 정상적인 행동이지만 주인에게 있어서는 그 행동이 매우 성가신 경우이다. 예를 들어, 짖는 행동은 개에게 있어 매우 정상적인 행동이지만 짖는 빈도가 많으면 문제가 되는 경우가 있다(그림 2-3). 이와 같은 경우에는 같은 행동이라도 길러지는 환경에 따라 사정은 달라질 것이다. 주택가에서 떨어진 시골의 단독주택과 같은 환경이라면 그렇게 심각한 문제가 되지 않을지도 모르지만 도심의 맨션에서 사는 사람에게는 그 소리 때문에 이웃들의 눈치를 봐야 하므로 일상생활이 곤혹스러울지도 모른다. 즉, 생활환경이나 주인의 성격 또는 동물을 바라보는 관점에 따라 문제행동에 대한 인식은 크게 달라질 가능성이 있는 것이다.

그림 2-3 환경에 따라 다른 문제행동의 심각성

이러한 것을 고려하면 문제행동이 모두 이상행동은 아니며, 오히려 비율로 따지면 이상행동의 비율이 결코 많지 않다는 것을 알 수 있다. 실제로는 정상행동의 범위에 속하는데도 사람과의 관계에서 그 행동이 문제가 되는 경우가 가장 많다. 문제행동에 대해 생각하는 경우에는 그 행동이 질환에 의해 일어나고 있는지를 우선 확인하는 것이 중요하다. 예를 들어, 뇌 안에 종양이 있어서 뇌의 정상기능이 저해되는 경우에는 질환의 치료가 문제행동의 해소로 이어질 것이다. 또 배설에 관한 문제행동이 소화관이나 비뇨기계의 질환에 의해 일어나고 있는 경우는 교육이나 행동수정을 시도해도 원인이 되는 병이 치료되지 않는 한 문제행동은 낫지 않는다는 사실을 인식해야 한다.

어떠한 문제행동이 이상행동인지를 확인하는 하나의 수단은 '동물행동학적인 관점 (Ethological Approach)'이다. 앞에서 말했듯이 다양한 동물종의 정상행동 레퍼토리를 제대로 밝히는 것이다. 그 동물에게 있어 본래의 서식지인 지역의 자연환경에서 생활하는 경우는 어떠한 행동이 보이며 각각의 행동은 어떠한 메커니즘에 의해 일어나며, 그 행동에는 어떠한 의미가 있고, 어떻게 개체발생(발달) 또는 계통발생(진화)해 왔는지, 이러한 다양한 과제에 대해 체계를 세워 연구하는 것도 동물행동학의 중요한 분야 중 하나이다.

즉, 개나 고양이도 각각의 선조종이 있었고, 현재도 그 선조종에 가까운 야생의 근연종이 자연계에는 존재하고 있다. 그러한 동물들이 각각의 서식하는 환경에서 어떻게 먹이를 포획하고, 적을 피하고, 사회행동을 하며, 육아를 하는지에 관한 지식이 있으면 지금 눈앞에서 일어나고 있는 행동이 그 동물에게 있어 본래의 행동 레퍼토리 안에 포함되어 있는지(즉, 정상행동인지), 아니면 자연계에서는 일어날 수 없는 이상행동인지를 판단할 수 있을 것이다. 이를 위해 문제행동을 이해하고 적절히 대응하기 위해서는 동물의 행동을 진화 또는 적응이라는 관점에서 깊이 고찰해보는 동물행동학적 시점을 익히는 것이 반드시 필요하다.

2) 문제행동의 분류

일반적으로 보이는 문제행동은 이하의 3가지 카테고리로 크게 나눌 수 있다.

반복해서 말하지만 우선 첫째는 동물이 본래 가지고 있는 행동양식(repertory)을 벗어나는 경우로 이것은 이상행동의 범주에 들어간다. 종양이 생길 때까지 발끝을 핥는 상동장해나 환각적인 행동을 보이는 강박증 등을 예로 들 수 있다. 이들은 겉보기에도 정상행동이 아니라고 판단할 수 있는 경우가 많다. 둘째는 동물이 본래 가지고 있는 행동양식의 범주에 있으면서 그 많고 적음이 정상을 벗어나는 경우로 성행동이나 섭식행동 등에서 자주 보인다. 두 행동 모두 너무 많아도 너무 적어도 문제가 되는 것이다. 그리고 셋째는 그 많고 적음이 정상을 벗어나지는 않더라도 인간사회와 협조되지 않는 경우가 있다.

안타깝게도 이 세 번째 카테고리로 분류되는 문제행동이 실은 매우 많다. 예를 들어, 낯선 사람이 부지 내에 들어오면 경계하여 짖는 것은 개에게 지극히 당연한 일이다. 이것은 개가 본래 가지고 있는 행동양식이며 낯선 사람이 떠나갈 때까지 계속해서 짖는다 해도 그 행동은 정상이라고 해야 한다. 그러나 이웃에 사는 사람들에게는 우편배달부나 신문배달부가 올 때마다 듣게 되는 짖는 소리가 견딜 수 없는 것이 될 수도 있다. 따라서 이 개의 행동 (경계포효)은 정상이라고 이해되면서도 문제행동(쓸데없이 짖기)이라 불리게 된다. 동물이 생득적으로 가지고 있는 행동을 문제행동으로 정의하는 것은 말하자면 인간의 에고이즘일 지도 모르지만 동물이 주인과 더 좋은 관계를 맺고 행복하게 수명을 누리기 위해서는 문제 행동의 존재를 정확히 인식하고 적절히 치료하지 않으면 안 되는 것은 분명하다.

행동치료는 본래 동물을 위한 것으로 본질적으로는 외과치료나 내과치료와 다를 것이 없 다. 동물의 복지향상을 목적으로 동물의 행동을 수정하는 것이다. 그러나 일반치료와 크게 다른 점이 하나 있다. 문제행동의 대부분의 증례에서 동물의료종사자는 동물과 직접적으로 대치하여 치료하는 것이 아니라, 오히려 주인의 의식과 행동을 변혁하는 것을 통해 동물의 상황을 개선시키는 것이다. 주인과 깊은 관계를 맺고 사육현황을 객관적으로 이해해가면 실제로는 주인에 의해 만들어진 문제행동도 수없이 많을 것이다. 그러나 동물이 그 주인의 보호 하에 있는 한, 그들의 행복을 생각하는 데는 우선 주인을 만족시키지 않으면 안 된다. 이것이 행동치료 내에서 상담이 중요시되는 이유이다.

동물의료종사자에게 있어 동물의 행복은 항상 최우선되어야 할 과제이며 그 중 하나가 동물의 행동을 본래 있는 그대로 받아들이는 것이라는 것도 인식해두어야 한다. 그러나 곤 경에 처한 주인이 최종수단으로 안락사를 희망하는 경우에는 동물이 가진 본래의 행동양식 을 다소 변경시킬 수밖에 없는 경우도 있다. 이것이 주인을 통한 동물의 복지향상이라는 말이 의미하는 바이다. 물론, 이것은 극단적인 예이며 실제로는 주인에게 동물의 행동특성 을 이해하도록 함으로써 사람과 동물이 행복하게 생활할 수 있도록 돕는 것이 행동치료의 기본방침이다. 비록 수명을 다 누렸다 하더라도 언제 물릴지 모르는 불안을 가지고 생활하 는 주인이나 산책도 데려가 주지 않고 밖에 묶인 채 살아가는 개에게 행복이 있을 것이라고 생각할 수 없기 때문이다.

복습
① 가축화에 따른 행동의 변화   ② 문제행동의 정의

과제 2
① 개나 고양이가 가축화되는 과정에서 행동에 어떠한 변화가 일어났는지 설명해보자.
② 개나 고양이의 어떠한 행동이 문제행동으로 인식되는지 설명해보자.

행동의 발달

1 서 론

우리들 주변에 있는 동물을 예로 들어도 새끼의 발달과정에는 동물 종에 따라 큰 차이가 보인다. 예를 들어, 말의 새끼는 태어난 지 몇 십분 만에 스스로 일어서고 하루가 지나면 어미를 따라 초원을 걷기 시작한다. 소나 염소도 그렇다. 이와 같은 조성성 새끼들은 초식 동물에서 많이 볼 수 있는데 자연조건에서 항상 포식자의 목표가 되는 입장에 있는 그들은 태어난 직후부터 자신의 발로 도망갈 수 있어야 하는 것이 생존의 필수조건이기 때문이다. 말이나 소는 한 번에 1마리의 새끼를 낳고 모자간의 끈끈한 정을 형성하여 젖을 뗄 때까지 어미가 자신의 새끼를 식별하고 중요하게 보호하여 키운다.

이에 비해, 개과나 고양이과 동물은 한 번에 여러 마리의 새끼를 낳는데 새끼들은 눈도 귀도 막혀 있는 매우 미숙한 상태로 태어나 당분간 어미에게 완전히 의존하여 생명을 유지 한다. 그리고 둥지를 떠날 때까지 어미나 형제, 그리고 무리의 동료로부터 커뮤니케이션의 방법, 무리의 규율, 사냥방법과 같은 많은 것들을 배워간다. 개가 인간의 가정 안에서 가족의 일원으로 완전히 녹아들 수 있는 것은 이러한 발달행동학적 특성이 배경에 있기 때문이라고 생각할 수 있다.

2 행동발달의 과정

1) 개의 행동발달

지금으로부터 약 반세기 전에 미국의 메인주 바하버의 연구소에서 개의 행동발달에 관한 대규모의 연구가 이루어져 많은 중요한 사실이 확인되었다. 그 중 하나가 강아지의 행동발달단계에 관한 것으로 오랜 세월에 걸친 연구 성과로부터 신생아기(Neonatal period), 이행기(Transition period), 사회화기(Socialization period), 약령기(Juvenile period)의 4단계로 나누어진다는 개념이 제창되었다(그림 3-1). 이 기본적인 개념은 현재도 널리 수용되고 있으나, 어미개의 자궁 안에서의 환경의 영향도 고려하여 이것에 출생전기(Prenatal period)가 더해지는 경우도 있다.

(1) 신생아기

태어나서 약 2주간이 신생아기이며 아직 스스로 배설하지 못하고 어미에게 모든 것을 의존한다. 감각기능으로는 약간의 촉각과 체온감각, 화학감각인 미각과 후각이 갖추어져 있을 뿐, 시각도 청각도 발달하지 않았다. 그러나 이와 같은 극히 초기에도 자극에 반응하는 것이 가능하며 신생아기의 핸들링에 의해 성장 후의 스트레스저항성이나 정동적 안정성, 학습능력 등이 크게 개선된다는 것이 제시된 보고도 있다. 실험동물(랫이나 마우스)을 사용한 최근의 연구에서는 출생 후 며칠간 어미에게 받은 보살핌의 양적·질적인 차이가 성장 후의 불안경향이나 공격성과 같은 행동특성에 심각한 영향을 준다는 사실이 밝혀졌다.

(2) 이행기

생후 2~3주까지의 짧은 기간을 말한다. 이 기간에는 눈을 뜨고(생후 13일 전후) 귓구멍이 열려 소리에 반응하게 되므로(생후 18~20일) 행동적으로도 신생아기의 패턴에서 강아지의 패턴으로 변화가 보인다. 어미개가 음부를 자극하지 않아도 배설이 가능해지며 아직 어색하지만 걷기 시작하므로 잠자리 밖으로 나와 배뇨와 배변을 하거나 형제들과 장난치며 놀기 시작한다. 또 으르렁거리거나 꼬리를 흔들거나 하는 사회적 행동의 신호를 표현하기

그림 3-1 개의 행동발달단계
1. 신생아기(0~2주), 2. 이행기(2~3주), 3. 사회화기(3~12주), 4. 이행기(12주 이후)

시작하는 것도 이 무렵이다. 이행기가 끝날 무렵에는 야생의 늑대의 새끼가 어두운 굴속에서 처음으로 외부세계로 나오는 시기에 해당한다고 한다.

(3) 사회화기

사회화는 강아지가 함께 사는 동료의 동물(사람도 포함)과의 적절한 사회적 행동을 학습하는 과정으로 개의 행동발달에 관한 초기연구에서 가장 많은 관심이 기울여져 온 과제이다. 이행기에 이어서 생후 3~12주까지의 시기에 강아지의 사회화가 일어나는 것으로 생각된다. 과거에는 임계기(Critical Period)라는 말이 사용되어 이 기간에 노출된 특정 자극에 의해 행동이 장기에 걸쳐 불가역적인 영향을 받는 극히 한정된 좁은 범위의 발달기간으로 이해되었다. 그러나 그 후의 연구에서 사회화기의 시작과 끝의 선긋기는 처음에 생각했던 정도로 엄밀한 것이 아니라, 서서히 이행하는 성질의 것이며 이 기간 중에 획득한 행동패턴이나 좋고 싫음에 관한 선호적인 것은 난이도의 정도는 있지만 나중에 수정할 수 있다는 것이 밝혀져, 현재는 사회화기(Socialization Period) 또는 결정적 시기(Sensitive Period)라는 말이 주로 사용되고 있다. 사회화기에는 견종이나 개체에 따른 차이가 존재하는 것도 알려져 있다.

이 기간에는 감각기능과 운동기능이 발달이 현저하며 이가 나고 섭식행동과 배설행동이 성년형을 보이며 결과적으로 강아지에게 많은 새로운 행동이 나타난다. 다른 개나 사람을 보면 쫓아가거나 앞발을 들어 장난을 걸거나 놀이 중에 짖거나 물기 시작한다. 늑대의 새끼에서는 사회화기 동안 부모나 형제들, 무리의 동료에 대한 애착관계가 형성되는데 강아지는 이 시기에 주인의 가족이나 같이 사는 고양이 등 이종의 동물에 대해서도 사회적 애착관계를 형성할 수 있다. 사회화기의 경험에 따라서는 장래의 파트너나 자신이 속하는 종에 대한 판단조차 영향을 받는 것으로 보인다. 또한 애착의 대상은 생물뿐 아니라, 환경의 비생물적 요인에게도 미치기 때문에 장소에의 애착(Site Attachment)이라 불리는 현상이 생길 수도 있다.

사회화의 초기인 3~5주에는 아직 사람이나 새로운 환경에 접해도 공포심이나 경계심을 보이지 않는다. 6~8주에는 낯선 대상에 접근하거나 접촉하려는 사회적 동기부여 쪽이 경계심을 웃돌기 때문에 이 시기는 감수기의 피크가 된다. 이 시기가 지나면 처음 보는 사람이나 장소에 대해 점차 강한 불안과 공포를 보이게 되며 12주가 지나면 이러한 반응이 명확해져 사회화기는 사실상 종료된다. 즉, 사회화기의 각 시기에는 낯선 상대에게 접근하려는 사회성 동기부여와 도망치려는 동기부여라는 유전적으로 독립된 2가지 동기부여시스템이 각각의 단계에 따라 비율을 달리하면서 서로 상반된 기능을 하고 있다고 생각된다.

신경과학분야에서는 정동반응이나 기억형성에 관련이 깊은 대뇌변연계의 기능적 발육과 사회화기의 행동발달의 연관에 관심이 기울여지고 있다. 특히 생물학적 가치판단의 중심인 편도체는 낯선 사물에 대해 경계심이나 불안을 일으키는 역할을 하고 있는데 이 가치판단의 기구가 발달하지 않았을 때는 무엇이든 순수하게 받아들일 수 있다. 즉, 사회화의 초기에 보이는 유연한 대응의 신경학적 기반이다. 이 기간에 경험하지 않은 사상을 나중에 접하게 되면 레퍼토리에 없는 신기한 것으로서 경계나 공포반응이 야기되는 것으로 보인다. 따라서 신경행동학적 관점에서는 사회화기를 생물학적 가치판단기구의 발달과정으로 볼 수도 있을 것이다.

(4) 약령기

약령기는 강아지가 젖을 떼고 나서 성 성숙에 이르기까지의 기간으로 견종이나 개체에 따른 차이가 크지만 상한은 대략 6~12개월까지로 보고 있다. 사회화기 후 6~8개월까지 적절한 사회적 강화가 없으면 모처럼 사회화된 대상에 다해 공포심을 갖게 되는 경우도 있다(퇴행현상). 늑대에서는 4~6개월경에 공포를 일으키는 자극에 대해 또 다시 강한 감수성을 보이는 시기, 즉 제2의 감수기가 있다고 하며 이것이 위에서 말한 역행현상과 연관되어 있다고 생각된다.

사회화기~약령기를 통해 놀이는 강아지의 정상적인 행동발달에 중요한 역할을 한다. 놀이를 통해 강아지는 복잡한 운동패턴을 학습하여 신체능력을 갈고닦음과 동시에, 개 특유의 보디랭귀지를 이해할 수 있게 되며 놀이상대의 반응으로부터 무는 강도를 억제하는 것도 배우고 사회적인 상호관계에서 룰을 배우는 것이다. 강아지들 간의 사회적 서열도 이러한 놀이나 다른 사회적 행동을 통해 서서히 형성되어 가는데 놀이가 가진 특징 중 하나로 놀이 내에서는 열위의 개체가 지배적인 행동을 한다는 서열의 역전도 허용된다는 것이다. 놀이는 늑대와 같은 개과 야생동물의 새끼들에게 있어서는 동료와 협력하여 수렵을 하기 위한 훈련임과 동시에, 무리 내에서의 서열의 유지와 침입자를 격퇴하기 위한 투쟁기술을 닦기 위한 중요한 기회이기도 하다.

2) 고양이의 행동발달

새끼강아지와 마찬가지로 태어난 지 얼마 안 된 새끼고양이들도 움직임이 부자연스러워 처음에는 네발이 함께 움직이며 따로따로 움직일 수 있을 때까지 조금 시간이 걸린다. 신생아가 어미고양이에게 다가갈 때는 앞발로 노를 젓듯이 무릎을 끌고 가는데 균형 잡힌 운동을 할 수 없기 때문에 새끼고양이가 둥지를 벗어나 헤맬 걱정은 없다. 처음 2주간은 체온의 조절도 잘 할 수 없어서 어미나 다른 고양이들과 딱 붙어 있으려 하고 따뜻한 것에 다가가서 코끝으로 파고드는 동작이 보인다.

새끼고양이가 어떠한 일로 뒤집혔을 때 스스로 일어서려는 입위(立位)반사는 태어나면서부터 곧바로 보이고, 전정계의 기능은 천천히 발달한다. 회전자극에 대해 일어나는 안진(眼振)반사는 생후 3주 후반에는 성숙한 고양이와 같아진다. 또한 목덜미를 잡아서 들어 올릴 때 몸을 둥글게 마는 굴곡반사는 많은 새끼고양이들이 탄생 직후부터 보이는데 이 반사에 의해 어미고양이가 둥지를 옮길 때 새끼고양이를 운반하기 쉬워진다(그림 3-2).

그림 3-2 어미고양이의 수유와 새끼고양이의 운반

새끼고양이의 운동기능은 서서히 발달을 계속하며 대부분의 경우 생후 20일 무렵까지는 앉을 수 있고, 곧 아장아장 걷기 시작한다. 한번 걸을 수 있게 되면 다양한 행동을 보이기 시작한다. 걷기 시작한지 며칠이 지나면 둥지에서 나오려고 벽을 타고 오르는 동작을 보이기 시작하고 일단 밖에 나오는 것을 알면 점차 둥지 안에 있는 시간이 줄어들고 8주까지는 대부분의 시간을 둥지 밖에서 보내게 된다. 벽을 오르기 위해서는 발톱을 자유자재로 넣다 뺐다 하는 능력이 갖춰져야 하며 생후 2주까지 새끼고양이는 손톱을 집어넣지는 못하지만 3주째에는 상당히 자유롭게 조정할 수 있게 된다. 벽을 오르는 행동에 관해서는 새끼고양이에게 올라가기보다 내려오는 쪽이 어려워 내려오는 기술을 습득하는 데는 시간이 걸린다. 처음에는 엉덩이부터 내려오려고 하지만 머지않아 머리부터 내려오는 것을 익힌다.

이 무렵에는 형제나 주인에게 적극적으로 다가오고 3주 후반에는 달리기 시작하며 활동적인 놀이행동을 보이게 된다. 운동능력이 급속히 발달함에 따라 곧 공중에서의 입위반사도 가능해진다. 이 반사는 높은 곳에서 떨어질 때 다리부터 착지할 수 있도록 공중에 떠 있는 상태에서 몸을 비틀어 자세를 바꾸는 것으로 생후 40일경까지 완성된다. 이유기에 가까워지면 어미고양이는 잡아온 먹이를 산 채로 둥지로 가지고 돌아와 먹이를 가지고 놀게 하면서 새끼고양이들에게 사냥방법을 가르친다.

<u>3</u> 행동발달의 개체차와 문제행동

1) 개성은 천성인가 환경인가

　유전적인 요소가 성격형성의 기반으로서 중요하다고 해도 초생기환경의 영향을 무시하는 것은 물론 불가능하다. '천성인가 환경인가(Nature or Nurture?)'라는 오랜 세월의 논쟁에 결착이 지어지지 않는 것은 당연하며, 성격형성에 있어 양쪽 모두 없어서는 안 되는 것이다(그림 3-3). 지금까지의 발달행동학적 연구에서, 예를 들어 자신과 같은 동료의 동물이나 인간과 같은 타종의 동물에 불안이나 공포를 느끼지 않고 동료리스트에 넣는 것이 가능한 시기, 즉 사회화 시기가 동물종마다 정해져 있으며 이것은 중추신경계, 특히 정동반응을 담당하는 시상하부, 대뇌변연계의 발달과 밀접하게 연관되어 있다는 것을 예상할 수 있다. 이것에 대해서는 앞에서 언급하였다.

천성인가 환경인가?
Nature or Nurture

↓　　　　　　↓

유전적 배경　　초생기환경의 영향

그림 3-3 개성이란 동일한 감각자극에 대한 정동반응의 차이

어떤 종의 조류에서는 알껍질을 깨고 부화한 병아리가 맨 처음 본 움직이는 것을 어미라고 인식한다. 이 '임프린팅'이라는 현상은 장기간 지속되는 강고한(경우에 따라서는 불가역적이기도 하다) 기억의 형성이며 새끼에게 있어서는 보호자이자 양육자인 어미를 인지하고 따르는 것을 가능하게 하는 생존을 위해 불가결한 성질이다.

사실 이러한 현상이 조류에서만 보이는 것은 아니다. 비슷한 것이 포유류에도 있다는 사실이 밝혀졌다. '세살버릇 여든까지'라는 말처럼 그 일면을 보여주는 것이다. 개나 고양이에서 중요한 사회화기(감수기)에 그들의 뇌 내에서 임프린팅과 비슷한 현상이 일어난다는 것이 그 배경이 되는 메커니즘이 아닐까 생각된다. 이제 막 태어난 신생아가 이 사회화기에 어떠한 환경에서 자라는가에 따라 그 후의 성격형성에 큰 영향이 미친다는 것이 실증되어 있다. 물론, 개나 고양이와 같이 아직 눈도 뜨지 않고 귀도 들리지 않는 미숙한 상태에서 태어난 동물도 있지만, 말이나 소처럼 출산하면서부터 바로 일어서서 어미를 따라갈 수 있는 동물도 있으므로 '임프린팅'이 보편적인 현상이라 해도 그것이 일어나는 시기나 정도는 동물 종에 따라 다를 것이다.

개나 고양이는 눈도 귀도 발달되지 않은 매우 미숙상태에서 태어나는(소위, 만성성의) 동물 종으로 개의 사회화기는 생후 약 3~12주간, 고양이도 거의 같은 시기(또는 약간 빠른 약 2~9주)로 생각된다. 초생기환경의 영향이 어느 정도의 것인가에 대해서는 설치류를 이용한 연구에서 새로운 지견이 얻어지고 있다. 랫이나 마우스와 같은 소형 설치류의 대표적인 모성행동으로서는 포유, 그루밍(grooming), 배설자극, 둥지에서 밖으로 나온 새끼를 되돌리는 행동(retrieving) 등이 관찰되는데 이 중 유아기에 받은 그루밍의 횟수와 장래의 행동패턴 간에 밀접한 관련이 있다는 사실이 밝혀졌다. 즉, 어미가 자주 그루밍을 해준 새끼는 장래 얌전한 개체로 자라는 경향이 있고, 반면 그루밍의 횟수가 적은 새끼는 커서도 잘 놀라거나 공격적인 성질을 보인다는 것이 캐나다의 연구그룹을 중심으로 실험적으로 증명되었다. 어미가 새끼를 보살피는 빈도에 따라 그 개체의 일생의 행동패턴이 결정된다는 매우 시사성 높은 연구결과가 얻어진 것이다.

이 메커니즘에 대해서는 시상하부-하수체-부신피질계(소위, 스트레스내분비계)의 신경펩티드인 부신피질자극호르몬방출인자(CRF)의 역할이 주목받고 있다. 유아기에 어미한테 그루밍을 그다지 받지 못한 개체를 조사해보면, 뇌의 몇 군데 영역에서 지속적인 CRF의 상승이나 CRF수용체의 증가가 확인되었다. 증가한 수용체는 CRF의 작용을 더 높여 스트레스상황에 대한 감수성을 상승시키게 될 것이다. 이와는 대조적으로, 그루밍을 잘 받은 개체는 CRF에 억제적인 피드백을 거는 글루코코르티코이드(부신피질호르몬) 수용체가 뇌 내에서 증가해 있어 CRF의 억제가 걸리기 쉬운 상태에 있다는 것도 밝혀졌다. 이 연구로부터 실제로 초생기의 환경이 개체의 행동패턴에 심각한 영향을 주며, 특히 어미가 새끼를 잘 보살폈는지 아닌지가 뇌 내의 신경기구에 영속적인 변화를 가져온다는 사실이 실증된 것이다.

어느 특정 견종이 어떠한 이유로 붐이 된 뒤 얼마 지나면 문제행동을 자주 보이게 되는 것 같다. 수요에 응하려고 부적절한 번식이 이루어지는 것도 원인 중 하나이겠지만 인기상품이 되어버려 일찍부터 가족으로부터 떨어져 중요한 감수기를 애완 숍의 쇼 케이스 안에서 고독하게 보내야만 하는 것이 마음의 상처(심적 외상, 트라우마)가 되어 길게 꼬리를 끌고 있을 가능성에 대해서도 고려해볼 필요가 있다. 새끼강아지가 온화하고 얌전한 애견으로 자라기 위해서는 사람의 경우와 마찬가지로 따뜻하게 애정으로 둘러싸인 풍부한 환경이야말로 초생기에 특히 중요한 것이다.

2) 발달행동학적으로 본 개의 문제행동

미국에서의 조사에 따르면 1살 이하의 강아지의 최대의 사인(死因)은 문제행동이 원인이 된 안락사, 즉 주인의 사육포기라는 것이 밝혀졌다. 개의 대표적인 문제행동 중에서 발달행동학적 고찰이 이루어지고 있는 것을 이하에 나타낸다.

(1) 공격행동

개의 문제행동 중 가장 일반적이고 심각한 것이 공격행동이다. 제6장에서 설명하듯이 몇 가지 카테고리로 분류된다. 자신의 이 중 세력권이나 행동권에 들어온 침입자에 대한 공격성은 개에게 있어 정상적인 행동반응이다. 늑대에서는 침입자에 대해 명확한 적대항동이 나타나는 것은 16~20주 무렵으로 이 시기는 신기한 자극이나 공포심을 부채질하는 자극에 대해 갑자기 강한 감수성을 나타내기 시작하는 시기와 일치한다고 한다. 개에서는 이러한 공격성이 문제행동으로 인식되는 것은 보통 1~3세이다.

한편, 사회적 계급구조 내에서 자신의 지위에 도전해오는 상대방에 대해 일어나는 공격성으로 정의되는 우위성 공격행동은 위협이나 공격이 낯선 상태가 아닌, 주인이나 그 가족에게 향하는 것이 특징이다. 늑대 무리에서는 수컷과 암컷에서 각각 개별로 서열이 형성되어 수컷 간에는 지위를 과시하는 행동, 즉 지배성 주장이 보이는데 반해, 암컷 간에는 복종자세 등 지배성 승인이라 불리는 현상이 더 많이 보인다. 어느 경우든 순위가 높은 개체가 더 많은 공격행동이나 위협을 보이는 것이 아니며, 따라서 사회적 지위는 공격성과는 직접적인 연관이 없으며 오히려 낯선 상황에 놓였을 때 발휘되는 자신감 넘치는 대담함이나 리더십 쪽이 더 중요한 요소로 생각된다. 늑대가 사회적 지배성을 획득하기 위한 조건으로는 어떤 일에 동요되지 않는 안정된 기질을 가지는 것이 지적되며 이러한 개성은 6~7주까지는 확인할 수 있다고 한다. 개에서도 8주에 실시한 테스트결과가 10개월 후의 지배적 지위와 상당한 관련이 있는 것으로 확인되었다. 단, 개의 지배성에 대해서는 자기주장의 강도의 영향이 큰 것으로 보인다.

(2) 불안과 공포증

문제행동을 전문적으로 다루는 동물병원에서 진찰한 개의 증례의 약 1/3은 공포가 관여하는 문제행동이었다는 보고가 있다. 또 미국의 맹도견협회의 조사에서는 불합격이 되는 이유로서 가장 많은 것이 겁이 많은 성격이라고 한다. 공포적 행동에는 강한 유전적 배경의 존재가 추측되며 실제로 신경질적인 부모에서 태어난 개의 집단에 이상할 정도의 내성적이고 겁이 많은 개체가 다발한다는 것이 잘 알려져 있다. 최근의 맹도견의 번식프로그램에서 얻어진 결과에서는 공포심이 강한 성격에는 중등도의 유전성이 있고 인간의 불안증의 모델로서 신경질적인 포인터의 가계를 만들어내는 시도가 성공을 거두는 등도 그 방증이라 할 수 있다.

이러한 유전적 요소와 더불어, 신생아기의 환경이나 경험이 강아지의 중추신경계의 발달에 영향을 미쳐 스트레스나 공포를 느끼는 상황에 놓였을 때의 강아지의 반응성에 변화를 가져올 가능성도 지적되고 있다. 신생아기에 사람과 접촉하거나 가벼운 스트레스에 노출된 강아지는 성장 후 의젓한 성격의, 어떤 일에 그다지 동요되지 않는 개가 되는 경향이 있고, 어미의 육아방식이나 행동양식이 강아지의 행동과 기질에 영향을 미친다는 사실도 보고되어 있다. 반면, 사회화기에 사람과 접촉기회가 주어지지 않은 강아지는 나중에 치료하기가 어려울 정도로 사람을 무서워하기 쉬우며, 자극이 적은 환경에서 이 시기를 보낸 강아지는 신기한 환경을 싫어하여 공포반응을 보이는 '개집증후군'이 되는 것으로 알려져 있다.

강아지는 사회화라는 특정 기간에 자신을 둘러싼 환경요인(생물도 비생물도 포함)의 중요한 것들에 익숙해지고 이러한 것에 대한 선호성이나 애착을 형성하는데 자신의 양식이 한번 형성되고 나면 그 이후에 접하는 신기한 것이나 낯선 것에 대해 경계심이나 공포반응, 그리고 거부적 반응이 강화되어갈 것이다. 늑대나 개는 개과의 동물에 있어서 생물학적으로 중요한 의미를 가진 자극에 대해 애착을 형성하거나 혐오반응을 보이는데 필요한 일정한 유전적인 세트를 가지고 태어나는데, 실제로 성장했을 때 특정 자극에 대해 어떠한 반응패턴을 보이는가는 발달초기 특히 사회화기의 후반에 어떤 감수기에 어떤 환경에 놓여 어떤 경험을 했는가가 큰 영향을 미친다고 해도 좋을 것이다.

(3) 분리불안

　주인과 떨어짐으로써 불안상태가 야기되어 이것이 원인으로 파괴행동이나 과도한 짖기 또는 부적절한 배설과 같은 문제행동이 일어나는 것은 애완견에서 드물지 않다. 분리불안은 주인과의 부적절한 애착관계가 그 원인으로 발생에 견종차가 보이는 등 유전적 요소도 추측되고 있으나 발육과정에서의 후천적 요소도 무시할 수 없다. 영장류 등에서의 연구에서는 어미가 극단적으로 걱정이 많거나 정서불안정이면 찰싹 달라붙어 떨어지지 않는 의존심 강한 개체가 될 가능성이 시사되고 있으나 개의 문제행동에 관한 연구에서도 동일한 보고가 제시되어 있다.

3) 발달행동학적으로 본 고양이의 문제행동

　고양이에서도 개와 마찬가지로 부적절한 사회화가 원인이 되어 다양한 문제행동이 일어난다. 정상적인 사회화를 경험하지 못한 새끼고양이는 그 후의 생활에서 다양한 자극에 대해 보통과는 다른 반응을 보이게 된다. 예를 들어, 5주 이전에 입양된 새끼고양이는 다른 고양이들과 제대로 사회적 교류를 하지 못하여 결과적으로 사람에게 과도하게 달라붙게 되는 경우가 있다. 성장함에 따라 이러한 고양이는 다른 고양이에 대해 공격적이 되거나 주인의 주의를 끌기 위해 자학적 행동과 같은 이상행동을 보이게 되는 경우도 있다. 이러한 극단적인 행동에 의해 주인의 주인을 끌면 자신에게 향해진 주인의 관심이 보수가 되어 학습에 의해 그 행동이 더 강화되어 간다. 사회화가 충분하지 않은 고양이는 다른 고양이나 새끼고양이가 자신과 동종의 동물이라는 인식을 갖지 못하기 때문에 성장한 뒤의 성 행동이나 육아행동에도 영향을 미칠 수 있다. 또한 어미나 형제들과 충분히 놀지 못한 탓에 사회적인 교류의 장에서 발톱이나 이의 적절한 사용법을 학습하지 못하여 제대로 사용하는 요령을 모르는 개체도 있을 것이다.

　8주까지 다른 동물종에 대해 제대로 사회화하지 못한 고양이는 사람이나 개에 대해 겁을 먹고 공격적인 태도를 보이게 되는 경우도 많다. 이러한 고양이는 소위 격리증후군에 빠져 조금이라도 사회적 스트레스가 가해지면 문제행동이 일어나기 때문에 애완동물로는 적절하지 않다. 상당히 성장한 새끼고양이나 성수가 된 고양이의 본성을 잘 알고 있으면 문제가 없지만 그렇지 않으면 사전에 주의 깊게 행동을 관찰한 뒤 결정해야 한다.

복습

① 개와 고양이의 행동발달
② 사회화기의 중요성
③ 개성의 유전적 배경과 초생기환경의 영향

과제 3

① 새끼강아지와 새끼고양이의 행동적인 발달에 대해 양자를 비교하면서 설명해보자.
② 문제행동을 예방하는데 있어 사회화기에 주의해야 할 사항에 대해 정리해보자.
③ 동물의 개성(행동양식의 개체차)은 어떻게 탄생하는지 설명해보자.

chapter **4**

생식행동

학습목표

① 동물 종에 따른 배우시스템과 생식행동의 다양성에 대해 이해한다.

② 성행동의 발현양식과 메커니즘에 대해 이해한다.

③ 육아행동의 종차에 대해 이해한다.

1 서 론

생식행동이 정상적으로 이루어지지 않으면 그 동물은 자손을 남길 수 없으므로 이상원인으로서 어떠한 유전적 변이가 있으면 그 변이가 다음 세대에는 전달되지 않고 배제되게 된다. 따라서 생식행동은 엄격한 도태압에 의해 각각의 동물종의 생태학적 또는 사회적 환경에 가장 잘 적응하는 형태로 진화해왔다고 볼 수 있다. 예를 들어, 가축으로서 사람에게 길러지던 양 무리를 평야에 풀어주면 처음 몇 년 동안은 무리의 크기가 감소하지만 곧 엄격한 야생조건 하에서 생존·번식하지 못하는 양들은 도태되고 적응능력을 가진 개체만이 남기 때문에 무리의 크기가 서서히 회복된다.

사육동물에 대해 생식행동을 정확히 이해하려고 하면, 동물들이 현실에서 길러지고 있는 인위적인 환경에서 자연조건으로 시야를 넓혀 그들의 선조종이 진화를 이루어 온 생태적 환경 또는 사회적 환경을 생각해볼 필요가 있다. 예를 들어, 암캐에서 위임신을 일으키는 경우가 있는데 그중에는 모성행동까지 보이는 개체도 종종 보인다(제4장). 언뜻 보기에 이상하게 생각되는 이 행동은 늑대무리(파크)에서 순위가 낮은 암컷이 최상위의 암컷의 육아를 유모로서 돕는 습성이 남아 있는 행동이라 추측된다.

또한 생식행동을 둘러싸고는 이해하기 어려운 현상도 보고되어 있다. 북부 평원 회색랑구르라는 원숭이의 행동을 인도에서 조사하던 일본의 연구그룹에 의해 일부다처의 자리를 빼앗은 수컷원숭이에 의한 새끼살해행동이 최초로 보고되어, 그 후 사자를 비롯한 다른 많은 종에서도 동일한 현상이 확인되었다. 이 쇼킹한 발견은 '동물의 행동은 종의 존속과 발전을 위해 진화했다'라고 가정한 고전적 동물행동학의 기본개념을 밑바닥부터 뒤흔드는 것이었다. 적응도(또는 생애번식성공도)라는 현대동물행동학의 기간을 이루는 개념은 이와 같은 현상을 모순 없이 설명할 수 있는 새로운 원리를 모색하는 속에서 탄생해왔다. 현재는 이 새끼살해행동은 무리를 빼앗은 수컷이 자신의 적응도를 높이기 위해 행하는 생식전략이며 암컷이 포유하고 있는 신생아(이전 수컷의 새끼)를 제거함으로써 비유(泌乳)에 기인하는 성선(性腺)기능의 억제를 해제하여 암컷의 발정회귀를 촉진함으로써 자신의 새끼(즉, 자신의 유전자)를 남기려는 행동일 것이라고 이해되고 있다(그림 4-1). 이러한 것들은 행동생태학적인 시점의 중요성을 시사하는 좋은 예이다.

이전수컷의 새끼를 포유중인
암사자는 발정하지 않는다

무리를 뺏은 숫사자

새끼살해행동에 의해
흡유자극이 없어지면
암컷은 발정하여
수컷을 받아들이게 된다

그림 4-1   생식전략으로서 사자의 새끼살해행동

2 동물행동학에서 본 생식전략

1) 생식행동의 다양성과 진화

생식행동의 다양성에 대해서는 예를 들어, 개와 말처럼 우리 주변에 있는 동물을 비교해 보아도 명확하다. 개는 한 번에 여러 마리의 새끼를 낳는 다태동물이다. 새끼강아지는 태어나서 며칠간은 눈도 보이지 않고 귀도 들리지 않으며 배설조차 스스로 할 수 없는 매우 미숙한 상태이다. 어미 개는 둥지에 머물면서 열심히 새끼를 보살피는데 쉽게 다른 새끼를 받아들여 수유하는 등 모자간의 연에 대해서는 비교적 느슨한 편이다. 반면, 말은 한 번의 출산에서 1마리만을 낳는 단태동물이다. 새끼말은 새끼강아지에 비해 훨씬 성숙한 상태로 태어나 출산 후 1시간이 되기도 전에 자력으로 일어서서 어미의 뒤를 따라 초원을 이동할 수 있게 된다. 어미말은 개의 경우와 달리, 자신의 새끼에게만 강한 모정을 가지고 다른 새끼가 접근해도 수유를 거부할 뿐 아니라 쫓아내기도 한다. 우리 주변에 있는 동물들에게도 생식행동에는 이렇게 큰 차이가 있는 것이다. 그리고 이번에는 야생동물에게 눈을 돌려보면 생식행동에 관한 종차는 더 명료해진다. 예를 들어, 코끼리바다표범과 같이 거대한 수컷이 자신의 교미영역에 많은 암컷을 두고 있는 일부다처형 동물도 있고, 벌거숭이두더지쥐와 같이 땅속의 구멍에서 진사회성의 일처다부형의 혼인시스템을 만드는 동물도 있고, 실로 다양하다. 이러한 배우시스템에 대해서는 뒤에서 설명하도록 하자.

현존하는 동물이 가진 다양한 형질은 모두 진화의 영향을 받고 있으며 행동도 그 예외가 아니다. 포유류에서의 형질이나 행동의 진화에는 자연선택과 더불어, 성선택과 혈연선택이라는 다른 요소도 관여하고 있을 것으로 생각된다. 그러나 우선은 그 기본이 되는 적응도(Fitness)라는 척도를 이해해둘 필요가 있다. 적응이란 특정 환경에서 생존이나 번식에 유리한 형질이 번식 집단 내에 확산되어 가는 과정을 가리킨다. 조금 넓은 의미로 생각하면 진화는 행동을 포함한 다양한 형질을 담당하는 유전자의 출현빈도가 시간경과와 함께 변화하는 것이다.

어떠한 형질(행동)이 세대를 반복하는 중에서 남겨지는가를 예상하기 위해서는 그 형질이 동물의 생존과 번식에 있어서 어느 정도로 유리한가를 평가할 필요가 있다. 그 지표가 위에서 말한 적응도라는 개념이다. 적응도는 생애번식성공도(Lifetime Reproductive Success)로 치환할 수 있다. 이것은 어떤 형질을 나타내는 유전자를 가진 개체가 그 형질에 관한 대립유전자를 가진 개체에 대해 번식력을 가진 자식을 어느 정도 많이 남길 수 있었는

가라는 객관적인 지표이다.

제1장에서 설명했듯이 적응도 또는 생애번식성공도는 어떤 개체의 생존율과 번식률의 곱의 통산 값이며 생애에 가능한 많은 자식을 남길 수 있고, 그 자식들이 무사히 성장하여 많은 손자를 만들 수 있었던 경우에 적응도가 높은 형질(여기서는 행동양식)을 가지고 있었다고 판단한다. 적응도를 높이기 위해서는 생존율과 번식률의 양자의 값을 높이면 되는데 환경적인 다양한 제약이 그것을 허용하지 않는 경우는 어느 한쪽을 희생해서라도 다른 한쪽을 높임으로써 적응도를 높이는 번식전략도 현실적인 선택지가 될 것이다.

포유류에서의 K전략과 r전략이 그 하나의 예이다. K전략을 가진 동물은 소, 말, 코끼리와 같은 대형 포유류에 대표되는데 이러한 동물들은 일반적으로 수명이 길어 성장할 때까지 시간이 걸리며 비교적 안정된 생태환경과 경합적인 사회 환경 속에서 적은 수의 새끼를 극진히 보호하고 소중하게 키워낸다. 반면, r전략을 취하는 동물 종은 설치류 등에 대표되는 소형 포유류에서 많고 이러한 동물들은 수명도 짧고 생식주기도 짧기 때문에 변동이 큰 환경이 자신들에게 좋은 조건이 됐을 때 한 번에 번식행동을 하여 개체수를 늘리려고 한다. 적응도의 요소인 생존율과 번식률 중 K전략에서는 전자에, r전략에서는 후자에 중점이 두어진 형태로 생활사의 진화가 일어났다고 이해할 수 있다.

자연선택의 입장에서 보면, 동물은 자신의 적응도를 최대로 높이기 위해 행동을 진화시키고 그 연장으로서 사회, 즉 다른 개체와의 상호관계가 성립해왔다고 해석할 수 있다. 많은 동물에서는 이와 더불어, 성선택과 혈연선택이라는 2가지 개념을 적용시킴으로써 형질의 진화를 보다 잘 설명할 수 있다.

성선택이란 한정된 자원인 암컷을 둘러싼 경쟁에서 조금이라도 유리하게 행동하기 위해 수컷이 생존율을 희생해서까지 어떤 형질을 발달시키는 것이다. 공작의 수컷의 화려한 꼬리털은 극단적인 예 중 하나지만 포유류에서도 수컷은 때로 뿔이나 송곳니와 같은 다양한 무기와 장식을 발달시켜, 번식계절에는 섭식행동이나 장식행동, 휴식행동 등의 유지행동을 거의 정지시키면서까지 암컷을 획득하려고 한다. 이와 같은 행동의 진화는 수컷간의 경합을 위함이거나 암컷의 관심을 끌기 위함이다.

한편, 혈연선택이란 부모나 형제자매와 같은 짙은 혈연관계에 있는 개체, 바꿔 말하면 유전자의 양식을 공유하고 있는 개체의 번식을 돕는 이타적 행동의 진화를 가리킨다. 자신이 번식하지 않아도 근연자의 생존율과 번식률의 향상에 기여할 수 있다면 최종적으로는 자신의 적응도도 향상된다. 이것이 이론적인 해석이다. 자기 자신의 적응도뿐 아니라, 혈연관계자 전체의 적응도까지 포함한 경우의 지표를 포괄적응도라고 부른다. 자신이 지불하는 비용(C)에 혈연도(r ; 예를 들어 부모와 형제는 0.5, 종형제는 0.125)를 곱한 값이 상대가 받는 은혜(B)보다 작아지는 상황(B>rC일 때)에서 이러한 이타적 행동이 진화한다고 생각된다. 형제의 혈연도는 0.5로 높기 때문에 형제자매의 육아를 돕는 것은 자신의 적응도를 높이는 행동이라 생각할 수 있다. 예를 들어, 꿀벌은 외적이 공격해오면 몸을 희생해서까지 둥지의 여왕벌과 유충(대부분이 암컷으로 모두 자신의 자매가 된다)을 지키려고 하는데 수컷이 단위발생을 하는 꿀벌에서는 자매간의 혈연도가 0.75로 매우 높기 때문에 포괄적응도라는 관점에 보면 이러한 행동도 설명이 되는 것이다.

2) 생식행동과 배우시스템

포유류의 번식에 관한 행동에는 종차가 크다고 설명했는데 그 배경에는 다양하게 분화된 포유류의 배우시스템이 존재한다. 일반적으로 배우시스템은 아래와 같이 분류된다(그림 4-2).

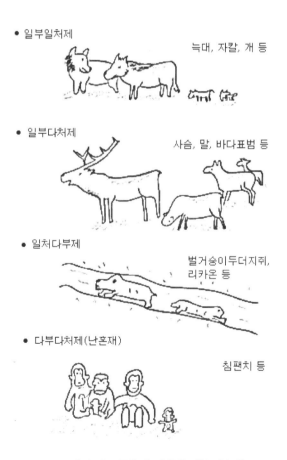

- 일부일처제

  늑대, 자칼, 개 등

- 일부다처제

  사슴, 말, 바다표범 등

- 일처다부제

  벌거숭이두더지쥐, 리카온 등

- 다부다처제(난혼재)

  침팬치 등

그림 4-2 동물의 다양한 배우시스템

(1) 일부일처제(Monogamy)

원원류, 설치류, 육식류의 일부에서 보이나 전 포유류의 5% 정도로 적다. 개과 동물도 그 중 하나이다.

(2) 일부다처제(Polygyny)

많은 포유류가 이 형태의 배우시스템을 갖는다. 그중에는 할렘형(사슴, 말, 마카크류의 원숭이, 비비 등에서 암컷무리에 단독 또는 소수의 수컷이 들어가 암컷과 새끼를 방위하면서 일정지역 내를 이동한다), 영역형(설치류, 영장류, 유제류에 널리 보이며 수컷이 교미나 사냥을 위한 세력권 내에 암컷을 두고 교미를 한다), 렉형(바다코끼리 등의 해수류, 다마사슴 등의 우제류, 박쥐 등으로 집단구애의 장 내에 복수의 수컷이 형성한 좁은 교미영역을 암컷이 방문한다), 프라이드형(사자, 몽구스 등으로 일정장소에 정착한 암컷무리 내에 수컷이 들어가 공동으로 무리를 방위한다) 등이 있다.

(3) 일처다부제(Polyandry)

리카온, 벌거숭이두더지쥐 등의 극히 한정된 동물 종에서 보이며 암컷의 단독성 사회에 복수의 수컷이 들어가 수컷의 일부는 헬퍼(helper)로서 번식을 돕는다. 벌거숭이두더지쥐는 사반나지역의 땅속에 둥지를 만들고 집단생활을 하는데 곤충과 같은 진사회성의 계층구조를 가진 포유류로서는 매우 독특한 사회를 형성한다.

(4) 난혼제 또는 다부다처제(Promiscuity)

침팬지 등이 해당한다.

상기 중 (2)와 (3)을 아울러 복혼(Polygamy)이라 부르며 포유류에서 가장 일반적으로 보이는 형태의 배우시스템이다.

포유류의 사회구조는 안정적인 암컷무리에 수컷이 일시적으로 합류하여 형성되는 것이 기본형이다. 수컷의 번식성공은 얼마만큼의 암컷과 교미할 수 있는가에 달려 있다. 예를 들어 일부다처형 동물에서는 성공한 수컷이 다수의 자식을 남길 수 있는 반면, 자식을 전혀 남기지 못하는 수컷도 다수 생긴다. 이에 반해, 육아를 도맡아 해야 하는 암컷은 번식에 대한 투자가 수컷에 비해 매우 크지만 확실히 몇 마리의 새끼를 기를 수 있다. 따라서 암컷에게 있어서 번식성공은 얼마나 우수한 형질을 가진 수컷의 자식을 낳고, 다음 세대 이후에 많은 자손을 남길 수 있는가에 의존한다. 수컷이 '요구하는 성'이라면 암컷이 '선택하는 성'이라 불리는 까닭이다. 즉, 포유류의 배우시스템의 다양성은 생태적 또는 사회적 요인을 기반으로 성립한 암컷중심의 사회에 수컷이 어떠한 형태로 참가하는가라는 것에 관련되어 있다.

▨ 3 ▨ 성 행 동

1) 암수의 성행동

동물이 자신의 유전정보를 다음 세대로 계승하고 종으로서 존속해가기 위해서는 성행동, 즉 교미행동이 불가결하다. 성행동은 수컷배우자의 정자와 암컷배우자의 난자의 만남을 만들어내기 위한 행동으로 다양한 동물 종에 보이는 다양한 성행동을 이해하는 것은 비교행동학적 관점에서 흥미로울 뿐 아니라, 가축의 생산성 향상과 야생동물의 보호관리라는 실용적인 관점에서도 의의가 깊다.

좁은 의미의 성행동이란 암수의 배우자가 접합하여 수태하여 새로운 생명이 탄생하기 위해 불가결한 단계로서 수컷이 정자를 암컷의 생식도 내에 보내는 것을 목적으로 한 일련의 행동이다. 예를 들어, 사자에서는 수컷과 암컷이 일시적으로 무리를 벗어나 며칠에 걸쳐(이 기간을 허니문이라 부른다) 거의 먹지도 마시지도 않은 채 계속해서 교미한다. 소의 경우, 발정기는 훨씬 짧고 십수시간으로 교미자체도 수컷이 승가한 뒤, 사정하기까지 불과 몇 초밖에 되지 않는다. 이러한 교미양식의 차이는 아마도 육식동물과 그것에 목표가 되는 초식동물이라는 자연계에서의 입장 차이를 반영하고 있는 것이라 생각된다. 성행동도 동물 종에 따른 차이가 큰 행동 중 하나이다.

고전적 동물행동학이 제창한 중요한 개념 중 하나는 '생득적 행동(본능행동)은 욕구행동과 완료행동으로 구성되는 하나의 시스템으로 그 발현에는 동기부여의 상승과 신호가 되는 자극이 필요'하다는 것이다. 여기서 말하는 완료행동이란 목적달성에 직접적으로 관여하는 행동으로 수컷의 성행동을 예로 들면, 암컷에게 승가하여 교미하고 사정에 이르는 정형적인 행동이다.

한편, 욕구행동이란 완료행동에 이르기까지의 암컷의 탐색, 구애, 유혹행동 등을 포함한 일련의 과정이다. 성행동의 정의는 좁은 의미로는 완료행동을 말하며 넓은 의미로는 욕구행동까지를 포함한다. 성행동에 대한 동기부여는 시상하부, 하수체, 성선축을 주체로 한 생식내분비계의 영향을 강하게 받으며 안드로겐(웅성호르몬)이나 에스테로겐(자성호르몬)과 같은 성 스테로이드호르몬의 혈중레벨이 상승하면 외모에 명료한 2차 성징이 나타날 뿐

아니라, 행동적으로도 큰 변화가 일어나고 신호자극에 대한 역치가 낮아져 신호자극 자체
도 반화(般化)되어 다양한 자극에 따라 행동이 일어난다. 신호자극에는 이성의 모습이나
행동양식과 같은 시각자극, 발정기에 특유한 울음소리와 같은 청각자극, 접촉에 의한 체감
자극 등 다양한 것이 있는데 포유류의 경우는 특히 페로몬에 의한 후각자극이 최종단계에
서 중요하다. 성행동과 후각과의 관계에 대해서는 뒤에서 설명한다.

2) 성행동의 발현패턴

성행동이 일어나는 시기는 다양한 요인에 의해 결정된다. 우선, 동물이 성장하고 번식에
견딜 수 있는 체격을 가져야 하며 충분한 에너지가 비축되어야 비로소 성선활동이 시작된
다. 수컷에서는 사정능력의 획득에 따라, 암컷에서는 초회배란에 따라 생리적인 성 성숙에
달했다고 판단하는데 실제로는 생식활동을 시작할 수 있을 때까지 사회적인 성 성숙에 도
달할 필요가 있기 때문에 더 시간이 걸리는 경우가 많다. 특히 일부다처형 배우시스템을
갖는 포유류의 경우, 만약 수컷이 교미능력이 있어도 라이벌인 수컷과의 경쟁에서 이기지
않으면 암컷을 획득하여 자신의 자식을 남기는 일(즉, 적응도)을 할 수 없다. 영양이나 안
전이 사람의 관리 하에서 보장되는 가축과는 달리, 야생동물에서는 성행동발현의 타이밍에
다양한 생태학적 및 사회적 요인이 관여하고 있다.

많은 포유류들은 계절번식성이 있어 1년 중 특정기간에 한하여 성행동이 보인다(그림
4-3). 가축화에 따라 계절번식성이 감소되는 것이 일반적이며 집약형 축산에서 소나 돼지
는 1년을 통해 성주기를 회귀하고, 반려동물로서 사람과 생활하는 암캐는 반년 마다 발정하
나 계절적인 편중은 없다. 가축화 된 동물 중에도 말, 고양이, 양과 같이 여전히 교미계절
이 남아 있는 동물종도 있으나 야생의 선조종만큼 엄밀하지는 않다. 스코틀랜드 앞바다에
서 떨어진 작은 섬에 서식하는 야생 양의 계절번식성을 조사한 연구에서는 초봄의 며칠간
이라는 극히 제한된 기간에 출산이 일제히 일어난다는 것이 확인되었다. 혹독한 자연환경
속에서 이 타이밍이 조금이라도 어긋나면 태어난 새끼 양들의 생존율이 현저히 저하됨에
따라 엄격한 도태압에 의해 계절번식성이 유지되고 있는 것이다.

계절의 변화를 아는데 있어 가장 신뢰성 높은 환경요인은 낮의 길이의 변화이다. 많은
동물들은 낮의 길이의 변화를 단서로 성행동을 시작하는 타이밍을 재고 있다. 일반적으로
성행동의 시작시간은 수컷이 암컷보다 빠르고, 수컷은 라이벌인 수컷들과 세력다툼을 하면
서 암컷이 발정기에 들어가는 것을 기다리고 있는 경우가 많다.

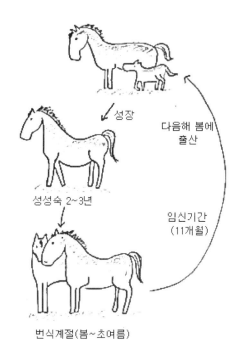

성장

다음해 봄에
출산

성성숙 2~3년

임신기간
(11개월)

번식계절(봄~초여름)

말의 예 : 새끼말은 봄에 태어나 가을까지 젖을 떼고
2~3년 동안 성숙하여 봄에 교미하여
다음해 봄에 출산한다. 이렇게 번식의
사이클이 반복된다.

그림 4-3 동물의 생식주기

3) 성행동의 메커니즘

지금까지 보아왔듯이 성행동에는 동물 종에 따라 큰 차이가 보이는데 어떤 동물에서도 성행동이 호르몬의존성에 발현한다는 점은 일치한다. 대표적인 동물에서의 성행동 패턴에 대해서는 뒤에서 설명하기로 하고, 여기서는 암컷염소를 예로 들어 내분비변화와 행동의 관련을 살펴보자(그림 4-4).

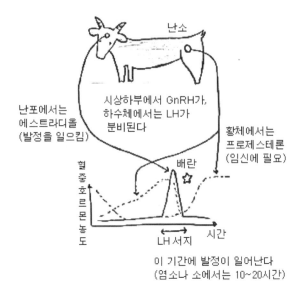

난소

시상하부에서 GnRH가,
하수체에서는 LH가
분비된다

난포에서는
에스트라디올
(발정을 일으킴)

황체에서는
프로제스테론
(임신에 필요)

혈
중
호
르
몬
농
도

배란
☆

시간

LH서지

이 기간에 발정이 일어난다
(염소나 소에서는 10~20시간)

동물종이 달라도 주요 호르몬은 공통

- 시상하부호르몬 : GnRH
- 하수체전엽호르몬 : LH, FSH, PRL
- 난포호르몬 : 에스트라디올, 프로제스테론

그림 4-4 암컷염소의 생식내분비시스템

  염소는 소나 말과 마찬가지로 약21일 주기로 발정을 반복하는데 발정기, 즉 암컷이 수컷을 받아들이는 기간은 십수시간 정도이다. 전회의 성주기에서 형성된 황체가 퇴행되면 혈중 프로제스테론농도가 급속히 저하하고 대신, 에스트라디올농도가 상승하여 일정시간이 경과하면 시상하부에서 성선자극호르몬방출호르몬(GnRH)의 일과성 대량방출[서지(serge)상 분비]이 일어난다. 이 영향으로 뇌하수체에서 황체형성호르몬(LH)의 서지상 분비가 성립하면 배란을 위한 일련의 과정이 시작된다. 성행동의 메커니즘이라는 관점에서는 암컷이 수컷을 허용하는 기간과 GnRH 서지와의 지속시간의 일치가 보고되어 있어, 뇌 내에서의 GnRH의 작용에도 관심이 기울어지고 있다.

  발정기에는 성행동의 발현뿐 아니라, 섭식량의 감소나 휴식시간의 단축, 활동량의 상승 등 다른 다양한 행동변화도 동시에 일어난다는 사실이 알려져 있다. 발정호르몬인 에스트라디올에 의해 개체유지 우선 모드에서 번식 우선 모드로의 전환이 광범한 뇌기능의 변화를 통해 일어나는 듯하다. 이와 같은 변화에는 시상하부나 대뇌변연계와 같은 행동발현이나 정동표출, 또는 자율기능의 유지를 담당하는 뇌 부위의 관여를 예상되는데, 실제로 에스트라디올의 작용부위는 뇌 내의 이러한 영역에 있다는 사실이 밝혀지고 있다. 암컷에게 있어 몸이 크고 힘이 센 수컷은 통상이라면 접근을 거부하는 존재지만 발정기에는 암컷 쪽에서 먼저 접근하는 일조차 있으므로 생물학적 가치판단의 중추인 편도체(대뇌변연계의 중요한 부위 중 하나) 등의 관여도 추측되고 있다.

4) 성행동의 종차

성행동의 발현을 담당하는 신경내분비 메커니즘은 앞에서 말했듯이 시상하부, 하수체, 성선축을 구성하는 호르몬분자에 차이가 보이지 않는다. 그러나 표현형으로서의 성행동에는 동물 종간에 큰 차이가 보인다. 이하에 대표적인 가축 종에서의 성행동을 식성(초식, 육식, 잡식)에 따라 분류하여 설명한다.

(1) 초식동물의 성행동

암소는 약 21일마다 발정하여 수컷의 교미행동을 허용한다. 발정이 가까워진 암소는 성적으로 활성화 된 작은 집단을 형성하여 섭식과 휴식활동이 감소하고 서로 승가하는 등의 성적 행동이 증가한다. 숫소는 멀리서 암소의 이러한 행동변화를 보고 접근하여 최종적으로는 페로몬을 단서로 교미상대를 선택한다. 발정기의 암컷은 수컷이 승가해도 가만히 있고 도망가지 않는다. 이 시간을 스탠딩발정이라 부르며 약20시간 가까이 계속된다. 숫소가 승가하여 교미가 시작된 뒤, 사정하기까지의 시간은 매우 짧아 몇 초밖에 되지 않는다. 양이나 염소의 성행동도 기본적으로는 소와 매우 비슷하다.

한편, 같은 초식동물이라도 말의 경우는 다르다. 암컷 말이 수컷 말에게 보이는 태도는 성주기의 시기에 따라 극단적으로 다르며 발정기 이외의 시기에는 접근하는 수컷을 위협하거나 공격하여 접근이나 접촉을 거절하지만 발정기에는 독특한 배뇨자세를 보이는 등 수컷을 적극적으로 받아들인다. 성주기는 소와 마찬가지로 21일인데 발정기가 길어 4~5일간 계속된다. 또한 수컷이 승가한 뒤 사정하기까지의 시간도 수십 초로 길다.

(2) 육식동물의 성행동

개는 몇 년에 한 번의 주기로 발정기가 오는데 그 안에 1번만 배란을 하는 단발정동물이다. 암캐에서는 우선 발정전기가 1주정도 계속되며 그 동안 음부에서 혈액이 혼입된 분비물이 배출된다. 그 안에 포함된 페로몬에 유인되어 수캐가 접근하는데 아직 이 시기에는 교미가 일어나지 않는다. 그 후의 발정기가 되면 암캐는 교미를 허용하게 되고 곧 배란이 일어난다. 개에게 독특한 성행동으로서 교미결합[생식기 잠금(genital lock)]이 관찰된다. 즉, 수캐가 암캐에게 승가하여 사정이 일어난 뒤, 양자가 음부를 결합한 채로 때로는 수십 분 동안 연결된 채로 있다(그림 4-5).

한편, 고양이는 지금까지 소개한 다른 동물종과 달리, 교미배란동물의 일종으로 교미하지 않으면 배란이 일어나지 않는다. 봄부터 여름에 걸친 발정기가 되면 난소에서 난포가 차례로 주기적으로 발육하며 발육의 피크에서는 호르몬의 분비가 높아져 발정행동이 일어난다. 역시 호르몬의 영향으로 분비된 페로몬을 맡고 수컷들이 모여든다. 수컷고양이는 암컷고양이에게 승가하여 교미하는데, 그 직후 암컷고양이는 수컷고양이를 뒤돌아 공격하는 경우도 있다. 또 교미 후는 바닥에 드러누워 배란댄스라 불리는 특유한 행동을 보인다(그림 4-6).

그림 4-5 개의 교미행동   그림 4-6 고양이의 교미행동

(3) 잡식동물의 성행동

돼지의 성주기의 길이는 소와 거의 같지만 발정기는 더 길어 수일간 계속되며 성행동의 특징으로서 발정한 암컷 쪽에서 수컷에게 접근하는 경우가 있다. 승가에서 사정에 이르는 시간도 몇 분간으로 소나 말에 비하면 더 길다. 반면, 랫이나 마우스의 성주기는 4, 5일로

짧고 발정전기의 야간에 활발한 성행동이 관찰된다.

이와 같이 성행동에는 동물 종에 따라 큰 차이가 보이는데 각각의 동물종의 생태학적 또는 사회적인 환경에 적응하여 특이적인 진화를 이루어 온 것이라 생각된다. 어느 종에서도 공통되는 것은 성행동의 이성의 유인, 성행동의 환기, 그리고 암컷에 의한 승가의 허용이라는 3단계로 구성되어 있다는 것이다.

4 육아행동

1) 육아행동의 종차

모성행동은 다양한 동물행동 중에서도 가장 신비스럽고 감동적인 행동 중 하나이다. 초산의 암컷은 그때까지 새끼를 돌본 적도 없고 본 적도 없지만 아무에게도 배우지 않고 갑자기 어미의 역할을 하기 시작한다. 새끼가 혼자서 설 수 있을 때까지 계속해서 복잡하게 시간과 함께 변해가는 육아행동을 완벽한 타이밍에 완벽히 해내는 것은 경이롭기까지 하다. 어미는 자신의 새끼에 대해 깊은 애정을 가지고 동물개체 간의 가장 끈끈한 정을 구축해간다. 모자의 정의 끈끈함은 때로 어미를 심하게 공격적으로 만들기도 한다. 어미는 자신의 새끼를 지키기 위해서라면 자신의 몸을 위험에 빠뜨리는 일도 꺼리지 않는데 이러한 것은 자연계에서 모성행동 외에는 볼 수 없는 일이다. 어미와의 접촉을 통해 새끼들은 정상적인 사회적 행동과 생식행동의 기초를 배워가므로 발달행동학적 관점에서도 육아행동은 중요하다. 모자간의 밀접한 상호작용을 중단시켜 버린 동물에서는 성장한 뒤, 다양한 행동상의 문제가 일어나는 일도 적지 않다.

다양한 동물 종에서 보이는 육아행동 패턴의 차이는 한 번의 출산에서 태어나는 새끼들의 수나 성숙의 정도와 밀접하게 연관되어 있다(그림 4-7). 예를 들어, 말이나 소는 보통 1마리의 새끼를 출산하므로 단태동물이라 부른다. 말이나 소는 새끼가 태어났을 때 이미 상당히 성숙되어 있고 눈과 귀의 기능도 잘 발달해 있어 출생 후 수 시간 이내에 어미를 따라다닐 수 있다. 반면, 다태동물이라 불리는 동물들은 한 번에 여러 마리의 새끼를 출산하며 우리들 주변의 동물로는 개, 고양이, 돼지 등이 이러한 종류이다. 개나 고양이의 새끼들은 태어났을 때 아직 매우 미숙하며 눈이나 귀가 기능하기 시작하는 것은 생후 2~3주 후로 어미의 젖을 찾아 꼬물꼬물 기어 다닐 정도의 운동능력밖에 갖춰져 있지 않다.

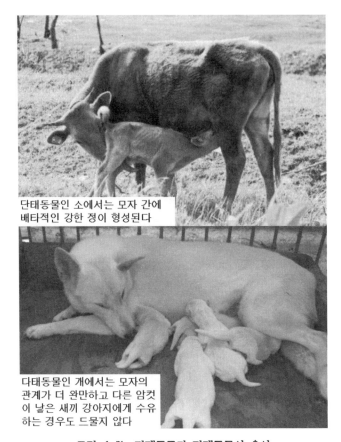

단태동물인 소에서는 모자 간에
배타적인 강한 정이 형성된다

다태동물인 개에서는 모자의
관계가 더 완만하고 다른 암컷
이 낳은 새끼 강아지에게 수유
하는 경우도 드물지 않다

그림 4-7 단태동물과 다태동물의 육아

　이와 같이 일반적으로 단태동물에 비해 다태동물의 새끼는 만숙하지만 예외도 있다. 예
를 들어, 돼지는 다태동물이지만 새끼들은 탄생 직후부터 걸어 다닐 정도의 상태이며, 또한
영장류(사람도 포함)의 대부분은 단태동물이지만 태어난 아이는 미성숙하다.

　이와 같이 태어나는 새끼의 수와 그 성숙도에 따라 육아행동에는 동물 종에 따라 큰 차이
가 보이는데 이것과는 별도로 가축화에 의한 영향도 고려하지 않으면 안 된다. 근연의 동물
종이라도 예를 들어 야생소와 유용(乳用)소의 암컷 간에서는 모성행동이 현저히 다르고,
늑대와 가정견 간에도 이러한 차이가 보인다. 이것은 긴 가축화의 과정 속에서 사람이 육아
행동에 개입함에 따라 일어난 것이다.

　예를 들어, 농장에서 말이나 소가 출산하려고 할 때 또는 애완동물로 기르고 있는 개나
고양이가 출산을 맞이했을 때 우리들은 그렇게 하는 것이 어미와 새끼를 위한 것이라고 생
각되면 주저 없이 개입하여 분만을 돕거나 신생아를 닦아주거나 어미의 젖을 찾아줄 것이

다. 또한 초산이거나 어떠한 불안으로 육아행동을 제대로 발휘하지 못하는 어미에게는 인공포유를 하는 일도 꺼리지 않을 것이다. 분만이나 신생아의 보살핌에 사람이 오랜 시간 개입함에 따라 자연계에서는 육아행동의 변이를 엄밀한 범위 내에 유지해 온 자연도태압이 사라지고 결과적으로 육아행동이 서투른 암컷들도 집단 내에 존재하게 된 것이다.

달아난 가축이 때때로 다시 야생화 되는 경우가 있는데 혹독한 환경조건 속에서 대부분의 경우 제대로 자손을 남기지 못한다. 그 원인 중의 하나는 육아행동을 제대로 하지 못하기 때문일 것이다. 흥미로운 사실은 우리들 주변의 동물들 중에서는 고양이가 가장 쉽게 재야생화에 적응할 수 있는데 이것은 역사적으로 볼 때 사람이 고양이의 번식에는 다른 가축보다 개입하지 않았기 때문이다.

2) 모자간의 상호인식

양 등에서 이루어진 모자간의 상호인식에 관한 연구에서 몇 가지 중요한 사실이 밝혀졌다. 그 중 하나는 무리에서 생활하는 양의 암컷은 출산이 가까워지면 일시적으로 무리에서 떨어져 조용한 곳에서 새끼를 낳고, 분만 후 몇 시간 동안 자신의 새끼와의 정을 구축한 다음 무리로 돌아온다는 것이다. 한번 정이 구축된 다음은 무리의 동료가 낳은 새끼양이 접근하면 쫓아내고 자신의 새끼에게만 젖을 주는 육아행동을 하게 된다. 이것은 적응도가 높아지는 방향으로 행동이 진화한다는 개념에는 잘 들어맞는 것으로 이러한 배타적인 모성행동은 말이나 소 등 다른 단태동물에서도 널리 보이고 있다.

새끼 쪽에서는 젖을 주고 돌봐주는 암컷이라면 특별히 누구라도 상관이 없는 듯 하나 어미 이외의 암컷에게는 거절당하기 때문에 곧바로 어미를 식별하고 쫓아다니게 된다. 어미와 새끼가 서로 떨어지지 않기 위해서는 시각, 청각, 그리고 후각의 모든 단서가 중요한데 그 중에서도 후각이 담당하는 냄새정보는 엄밀한 판정의 단서이며 어떤 어미도 잠시 떨어진 새끼를 다시 만나면 반드시 새끼의 냄새를 맡아서 확인하고 받아들일지, 거절할지의 최종판단을 한다. 시각적인 단서나 청각적인 단서에서는 오인도 일어나지만 후각적인 단서에서는 그러한 오인은 거의 일어날 수 없다.

배타적인 육아행동을 하는 단태동물에 비해, 개나 고양이와 같은 다태동물에서는 어미의 정이 비교적 느슨하여 다른 암컷이 낳은 새끼에게도 젖을 주거나 보살핀다. 같은 종뿐 아니라, 개가 고양이의 새끼를 키우거나 하는 일도 드물지 않다. 개나 고양이의 새끼는 생후 2~3주까지는 거의 자발적인 행동을 할 수 없는 상태이므로 어미의 역할을 해주는 것이라면 특별히 상관없으며 감각기능이나 운동기능의 발달에 따라 어미라는 특정 암컷에 대한 인식이 서서히 생기는 듯하다.

다태동물의 경우도 새끼나 무리의 동료를 인식하는 결정적인 정보는 후각으로 '냄새'라는 방대한 정보량을 가지고 있는 화학신호(chemical message)가 마치 지문과 같은 역할을 하는 것이다. 지문을 Finger print라고 하는데 각각의 개체에 특이적인 체취를 Odorprint라고 하여 양자를 대비하려는 연구자도 있다. 후각에 대해서는 제7장에서 더 자세히 설명한다.

3) 개와 고양이의 분만 시의 행동

개나 고양이에서는 임신 후기가 되면 음부나 복부를 핥는 경우가 많아진다. 보금자리를 만드는 행동은 통상 그다지 현저하지 않고, 개체차도 크다. 출산장소를 주인이 만들어주는 경우도 적지 않다. 내버려둔다면 개보다 고양이 쪽이 보금자리 만들기에 힘쓸 것이다. 개의 경우, 분만의 24~48시간 전이 되면 깔개, 타월, 신문지, 의류 등을 방의 구석으로 운반하는 등 보금자리의 준비에 들어간다. 쥐나 토끼의 일종은 매우 섬세한 보금자리를 만든다. 예를 들어, 암컷토끼는 분만 2~3일 전이 되면 몸의 털을 뽑아 풀이나 나뭇가지로 만든 둥지의 내장재로 이것을 이용한다. 분만 24시간 전부터 암컷은 안절부절 한다. 울음소리를 내는 빈도가 많아지고 드러눕거나 일어서거나 주변을 서성거리거나 자세를 바꾸어 다시 눕거나 하는 행동패턴을 반복하는 경우가 많아진다. 동시에, 호흡수의 증가와 식욕저하, 심박수의 증가 등 생리적인 변화가 보이는 경우도 있다.

개개의 신생아의 출산은 단태동물의 경우와 마찬가지로 3단계로 이루어진다. 분만의 제1단계는 진통기인데 자궁의 수축이 시작되어 몸의 근육도 긴장된다. 이 시기가 되면 대부분의 다태동물은 일어나서 자세를 바꾸는 경우도 종종 있으나 대부분은 누워있다.

제2단계는 만출기로 자궁의 수축과 복근의 긴장이 더 강해지고 이것에 따라 태아는 산도를 상당한 속도로 통과한다. 개나 고양이에서는 암컷이 옆으로 누워서 뒷다리 사이로 고개를 넣어 머리를 뒤로 구부리는 경우도 있다. 일단 신생아가 산도를 통과하면 어미는 곧바로 태막을 먹고 다음, 신생아를 열심히 핥기 시작한다(그림 4-8). 이에 따라 신생아의 최초의 호흡운동이 일어나는 경우가 많다. 어미개가 이 행동을 곧바로 하지 않으면 새끼의 몸을 사람이 손으로 문질러 호흡을 자극해주는 것은 개의 번식가가 자주 이용하는 방법 중 하나이다.

분만의 제3단계는 태반의 만출기로 어미는 이 동안에도 신생아를 계속 핥아 털을 깨끗이 한다. 태반은 어미에게 곧바로 섭취된다. 둥지를 청결히 유지하기 위해서, 그리고 어미에게는 영양원도 될 수 있기 때문에 이것을 섭취함에 따라 어미가 신생아의 곁에 있을 수 있는 시간이 다소 늘어난다. 어미는 신생아의 항문과 음부주변에 특히 열심히 핥거나 털을

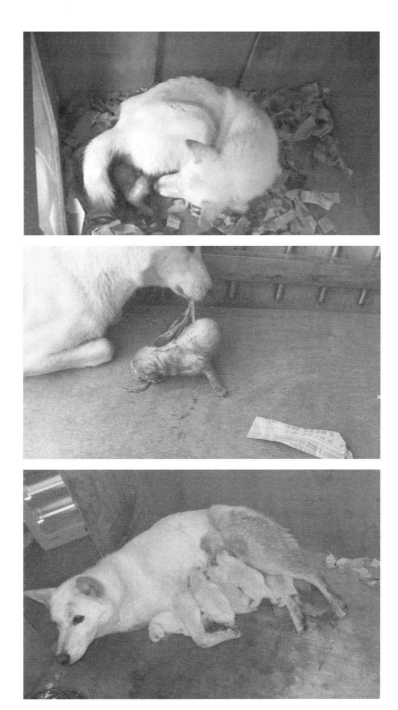

그림 4-8 개에서의 분만 시의 모성행동

깨끗이 해준다. 이것에는 배뇨나 배변운동을 일으키는 기능이 있다. 신생아가 최초로 배설하는 똥은 태변으로 이것에는 장관상피의 분비물이나 세포의 잔해 등이 들어 있다.

개의 출산은 때로는 최초의 새끼강아지가 태어난 뒤, 마지막 강아지가 분만되기까지 12~16시간이 걸리는 길고 고통스러운 과정인 경우도 있지만 전부가 2시간 내에 끝나는 경우도 많다.

분만을 하는 동안, 그리고 마지막 태아를 분출한 뒤에도 어미는 둥지에서 벗어난 새끼를 어떻게든 되돌리려고 한다. 어미 개는 보통 강아지의 머리를 핥아서 자신 쪽으로 유도한다. 이 촉각자극을 받으면 강아지는 자극의 방향을 향해 움직여 형제들 품으로 돌아온다. 대부분의 신생아는 태어난 직후부터 마지막 태아가 나오기 전인 경우도 있는데 어미의 젖을 빨기 시작한다.

4) 개와 고양이의 모성행동

개나 고양이의 어미는 육아를 위해 둥지를 만들고 출산한 뒤, 얼마동안은 둥지 안에서 새끼들을 보살피면서 대부분의 시간을 보낸다. 말이나 양과 같이 출산한 그 날부터 새끼를 데리고 초원을 이동하는 동물과는 대조적이다. 고양이에 관한 연구에서 둥지의 중심에서 주변까지 온도와 냄새의 구배가 있다는 것을 알게 되었다. 온도도 냄새도 어미에서 발산되는 것으로 새끼들이 꼬물꼬물 움직이는 동안 둥지에서 벗어나도 이 온도구배와 냄새구배를 의지하여 어미 곁으로 돌아올 수 있다. 새끼들은 둥지의 따뜻함과 어미의 냄새에 둘러싸이면 안심할 수 있는 것이다.

어미 개나 어미고양이는 생후 3주 정도까지는 새끼들을 계속해서 핥아 몸을 깨끗이 해준다. 특히 항문음부를 열심히 핥는데 이에 따라 배뇨나 배변이 촉진된다. 배설물은 어미가 바로 먹어버리므로 둥지 안은 청결히 유지된다. 새끼들이 스스로 움직일 수 있게 되면 항문음부를 핥는 빈도가 줄어들고 곧 스스로 둥지에서 조금 떨어진 장소에 가서 배설을 하게 된다.

포유는 육아행동 중에서 중심적인 위치를 차지하는데 모자간의 수유(어미측)와 흡유(새끼측)의 관계에는 다음과 같은 3단계가 존재한다. 우선, 최초의 단계에서는 어미가 모두 주도적인 역할을 하여 포유를 시작할 때는 새끼들의 위에 덮어 앉거나 옆으로 누워서 핥아 어미가 포유를 촉진한다. 어미가 핥으면 새끼들은 눈을 뜨고 어미의 복부에 코끝을 찔러 넣어 젖을 찾아 정신없이 빨기 시작한다. 흡유자극에 의해 젖이 나오기 시작하고 배가 부른 새끼들은 젖을 문 채로 잠드는 경우도 있다. 시간이 지나면 새끼들은 젖을 찾거나 어미의 포유를 촉진하는 행동에 반응하는 것이 능숙해진다. 그러는 동안, 어미자신도 먹이를 먹으러 가거나 배설이나 기지개를 켜는 등 다양한 목적으로 둥지를 떠나는 시간이 많아진다. 이 제1단계의 끝날 무렵까지는 새끼의 눈과 귀도 열리고 상당히 자유롭게 행동할 수 있게 된다.

제2단계에서는 새끼들이 둥지를 떠나 밖에서도 어미와 접하게 된다. 이 시기가 되면 거의 포유행동은 새끼 쪽에서 계기를 만들게 되고 둥지 안에서 뿐만 아니라, 밖에서도 젖을 조르는 새끼들에게 어미는 배를 내민 자세로 누워서 수유를 한다.

제3단계가 되면 새끼들은 모유와 더불어 다른 음식도 먹게 된다. 이 시기에는 포유행동이 거의 새끼에 의해 시작되며 곧 젖을 조르는 새끼들을 어미가 피하게 된다. 예를 들어, 배를 숨기고 바닥에 엎드려 자거나 달라붙는 새끼들을 피하여 높은 곳에 올라가는 경우도 있다. 3단계의 마지막이 이유이다.

이유는 모유에서 고형식으로의 이행인데 야생 개과나 고양이과 동물에서는 각각의 종에 특이적인 방법으로 단계적인 이행이 보인다. 늑대무리에서는 부모뿐 아니라, 무리의 성수들이 먹은 음식물을 토해내, 어느 정도 소화한 먹이를 새끼들에게 준다. 새끼들은 둥지로 돌아온 성수들의 입 주변을 핥거나 물거나 앞발로 두드리거나 함으로써 먹이를 뱉어달라고 조른다. 개가 주인의 입을 핥으며 어리광부리는 것은 이러한 행동이 남은 것이라 생각된다. 반면, 단독생활을 하는 고양이들은 둥지를 떠나 자립하기 전에 수렵기술을 익히는 것이 필수이며 어미고양이는 교묘한 방법으로 새끼고양이들에게 사냥을 가르친다. 우선은 죽인 사냥감을 둥지로 가지고 돌아와 새끼고양이에게 상처를 입은 사냥감을 가지고 놀게 하여 그러는 동안 사냥기술을 배우게 한다. 사냥에 능숙한 어미고양이에서 태어나 충분한 시간을 어미와 보낸 새끼고양이는 좋은 사냥꾼이 될 가능성이 높다.

어미고양이에서는 되돌림 행동이라는 특이한 행동이 보인다. 둥지에서 벗어난 새끼고양이의 울음소리가 계기가 되는 경우가 많고 출산 후 1주 정도의 시기에 가장 현저해진다. 또 어미고양이는 둥지주변의 환경이 안정되지 않거나 마음에 들지 않으면 새끼고양이들을 다른 장소로 운반하여 둥지를 이동하는 경우가 있다. 둥지이동은 출산 후 1개월 전후의 시기에 가장 빈도가 높다. 새끼고양이는 이렇게 어미에게 운반될 때 꼬리를 말고 다리를 든 채 가만히 움직이지 않는다(굴곡반사). 새끼고양이가 버둥대지 않고 몸을 둥글게 말고 가만히 있음으로써 어미가 운반하기에 편리해진다. 이 새끼고양이의 자세와 부동성은 새끼고양이의 목덜미를 잡는 자극에 의해 일어난다. 성장한 고양이에서도 목덜미의 피부를 잡으면 동일한 반응을 일으킬 수 있다. 개에서도 동일한 둥지에의 되돌림 행동이 보이는데 새끼들을 운반할 때는 다리든 머리든 상관없이 물어서 끌어당긴다.

반면, 개에 특이적인 것으로는 위임신과 그것에 이어지는 모성행동을 들 수 있다(그림 4-9). 위임신은 사람에서 상상임신에 해당하는 것으로 실제로는 임신하지 않았는데도 복부가 부풀고 유선이 다소 발달하는 것이 일반적인 특징이다. 개는 불임교미의 유무에 상관없이 위임신이 성립하는 유일한 동물인데, 이것은 임신해도 하지 않아도 황체기의 길이가 그다지 변하지 않는다는 개의 독특한 생식내분비구조도 관여하고 있는 것으로 생각된다. 경우에 따라서 위임신한 개의 유선이 유즙분비가 일어날 정도로 발달하고, 또 진통과 비슷한 복부의 긴장이 일어난 뒤 모성행동까지 보이는 경우가 있다. 그리고 일정 포유기간이 지나면 아무 일도 없었다는 듯 그러한 행동이 사라진다. 이 신기한 행동의 의미는 늑대와 같이 순위가 높은 암컷밖에 새끼를 낳지 않는 집단에서 무리의 다른 암컷들이 위임신을 함으로써 유모가 되어 서로 혈연관계에 있는 새끼들의 생존에 공헌함에 따라 간접적으로 자신들의 적응도(포괄적응도)를 높이고 있는 것이라고 행동생태학자들은 해석하고 있다.

인형에게 젖을 주려고 하거나

인형을 지키려고 공격행동을 보이기도 한다.
이것은 늑대 무리의 공동포유가 남아 있는 습성
인지도 모른다.

그림 4-9 위임신의 개의 모성행동

복 습

① 포유류의 배우시스템   ② 성행동의 메커니즘   ③ 육아행동의 종차.

과제 4

① 개와 고양이의 성행동의 특징을 설명해보자.
② 초식동물과 육식동물의 육아행동 차이에 대해 설명해보자.

chapter 5

유지행동

학습목표

① 섭식행동에 대해 이해한다.

② 배설행동에 대해 이해한다.

③ 몸단장행동에 대해 이해한다.

1 서 론

야생동물의 생활을 살펴보면 살아가기 위해서는 먹는 것이 얼마나 중요한가를 잘 알 수 있다. 예를 들어, 초식동물은 하루의 대부분의 시간을 먹는데 소비하고 있고 그중에서도 반추동물 등은 쉬고 있을 때조차 소화를 위해 반추를 반복하고 있다. 그들은 포식자들의 경계를 늦추지 않기 위해 길게 수면하지 않고 무리로 행동하는 경우도 많다. 반면, 육식동물은 실제로 먹는 시간은 짧지만 사냥감을 찾아 돌아다니거나 대기하는데 긴 시간을 보내고 있다. 먹이를 찾아도 사냥은 대부분이 실패로 끝나므로 실제로는 '향연 아니면 기근(Feast or Famine)'이라는 생활을 하고 있다(그림 5-1).

• 초식동물

먹이인 식물은 풍부하나 영양가가 높지 않아
항상 먹고 있어야 한다

• 육식동물

사냥감의 영양가는
높지만 필사적으로
도망치기 때문에 간
단히 잡을 수 없다

단독으로 사냥하는
살쾡이

무리를 지어
사냥하는 늑대

그림 5-1 초식동물과 육식동물의 섭식행동

 야생동물들에게 있어서 적절한 먹이를 얻을 수 있는가는 그야말로 살아남기 위한 필수조
건이며 섭식행동은 모든 행동패턴의 기반이라고도 할 수 있다. 따라서 섭식행동의 이해는
중요하다. 예를 들어, 개와 고양이 사이에 보이는 행동양식의 차이도 그 대부분이 섭식행동
과 깊게 연관되어 있다. 무리를 만들어 서로 협력하면서 초원에서 대형 사냥감을 추격하는
개과 동물에서는 무리의 동료 간에 긴밀한 커뮤니케이션을 취하기 위해 사회적 행동이 발
달하는 반면, 숲속에 숨어서 단독으로 사냥을 하는 고양이과 동물들은 무리생활의 유지에
필요한 커뮤니케이션방법은 진화하지 않았지만 대신 유연한 몸과 예민한 감각을 손에 넣은
것이다.
 가축화의 초기단계에는 인간이 자신들이 소유하는 동물들에게 먹이를 제공하는데 동물
종에 따라 영양의 요구량이 다르고, 발육이나 임신·비유 등 생리적 상태에 따라서도 주어
야 할 먹이가 다르기 때문에 가축행동학의 창성기에 가장 처음 주목된 것이 섭식행동이었
다.

동물을 관리한다는 관점에서는 앞에서 말했듯이 자연계에서는 오랜 세월에 걸쳐 먹이를 취해왔던 동물들에게 인간이 필요한 먹이를 한 번에 제공해버리면 동물들은 너무 여유가 생겨 아마도 무료함이 원인이 되는 다양한 문제행동들이 일어나는 경우가 있다. 동물원에서 사육되는 동물에서도 보이는 우리 안의 목적 없는 왕복운동이나 공격행동도 하나의 예이다. 야생에서의 섭식행동에 배려한 먹이를 잡는 방법의 연구가 요구된다. 고양이나 개에서도 동일한 배려가 필요한데 예를 들어, 작은 쥐를 필요에 따라 포식하고 있는 고양이는 그다지 정해진 식사를 하지 않기 때문에 사료를 자유롭게 제공하는 것도 좋지만 개과 동물은 가끔밖에 성공하지 못하는 사냥이 성공했을 때 대량의 고기를 한 번에 먹는 습성이 있으므로 사료를 자유롭게 제공하면 비만에 걸리는 경우도 많다. 이러한 것에도 동물행동학적 관점에서의 배려가 필요하다.

배설행동은 생리학적으로 반드시 필요한 것으로 어떤 동물에게도 볼 수 있는데 그 행동 패턴은 섭식행동과 마찬가지로 동물 종에 따라 다양하며 음식의 종류나 각각의 동물의 생리학적 특징과 연관되어 있다. 예를 들어, 초식동물은 자주 배설을 하며 그 횟수는 소나 말에서 1일 10회 이상에 이른다. 반면, 개나 고양이 등 육식동물의 배설횟수는 성수의 경우 보통 2, 3회이다. 또 배설하는 장소에도 차이가 보이는데 소나 양처럼 넓은 범위를 이동하면서 생활하는 동물들은 배설장소에 신경 쓰지 않고 어디든 볼일을 보는데 반해, 개나 고양이처럼 자신의 영역을 만드는 동물에서는 둥지나 잠자리에서 떨어진 장소에 배설하는 행동패턴이 진화했다. 배설에는 불필요한 것을 체외로 배출한다는 생리학적 역할 외에, 자신에 관한 정보를 다른 동물에게 알리기 위해 배설물을 이용하여 마킹을 한다는 사회적인 의미도 있다.

몸단장행동(그루밍)이란 동물이 자신 또는 다른 개체(가족이나 무리의 동료)의 피모나 피부를 청소하고 손질하는 행동이다. 포유류에서는 털고르기행동, 조류에서는 깃털고르기행동이라고도 한다. 체표에 부착된 먼지나 기생충을 제거하거나 타액에 포함된 성분으로 상처를 청결히 하여 외상의 치료를 하거나 피모에 지방을 발라 방수기능을 유지하는 등 피부의 건강을 유지하기 위해 필요한 다양한 기능이 알려져 있다. 더울 때는 타액의 증발에 의한 체온저하라는 효과도 있다. 또한 부모·자식 간이나 무리의 동료들 간의 연대를 강화시키는 기능도 가지고 있는 것으로 알려져 있으며 동물 종에 따라서는 사회적 행동으로서의 역할도 중요하다.

2 섭식행동

1) 개와 고양이의 섭식행동

(1) 섭식량

어느 쪽도 육식동물의 선조종에서 가축화 된 개와 고양이지만 잘 관찰해보면 그 섭식행동에는 상당한 차이가 있다. 개는 늑대 등과 마찬가지로 매우 빠르게 먹는 경향이 있는데 이것은 잡은 사냥감을 둘러싸고 동료들 간에 일어나는 경쟁 때문일지도 모른다. 늑대는 먹이를 집어넣는 능력이 우수하여 자신의 체중의 20%의 고기를 한 번에 먹을 수 있다고 보고되어 있다. 개에서도 견종에 따라 차이가 있지만 어느 수컷 래브라도는 한 번에 체중의 10%에 상당하는 캔을 먹었다고 한다.

반면, 고양이의 야생선조종은 늑대나 일부 대형 고양이과 동물(사자 등)과 같이 집단으로 먹이를 잡는 것이 아니라, 소형 설치류나 작은 새 등을 먹이로 단독으로 사냥하며 생활하는 고독한 헌터였다고 추측된다. 따라서 고양이는 소량의 식사를 몇 번에 걸쳐 나누어 하는 습성이 있다. 집고양이에서는 쥐 1마리 정도가 1회의 식사량으로 딱 좋은 크기이다. 주인이 칼로리 높은 인간용 식사를 나누어 주는 경우는 별도라 해도, 고양이에 비해 개에서 비만문제가 많이 보이는 것은 이러한 기본적인 섭식행동의 종차와 관련되어 있을지도 모른다.

(2) 사회적 촉진

무리로 생활하는 동물에게는 행동의 사회적 촉진이라는 현상이 알려져 있다. 이것은 무리 안의 어떤 개체가 어떠한 행동을 일으키면 다른 개체가 일제히 그 흉내를 내거나 서로 경합하여 행동이 더 발달되는 것이다. 예를 들어, 복수의 개체에게 동시에 먹이가 주어지면 섭식량은 개개로 주었을 때보다 증가한다는 사실이 알려져 있는데 이러한 섭식행동의 사회적 촉진효과는 개에서 잘 알려져 있다. 특히 새끼강아지의 경우, 먹이를 놓는 장소가 정해져 있으면 먹이를 둘러싸고 우열순위가 생기는 경우가 많다.

(3) 먹이에 대한 기호성

초식동물과 육식동물을 비교해보면 알 수 있듯이 동물이 무엇을 즐겨 먹고 무엇을 먹지 않는지는 동물 종에 따라 크게 다르다. 즉, 먹이에 대한 기호성에는 태어나면서부터 정해져 있는 유전적 요인의 영향이 크다는 것인데 그뿐만 아니라, 이유 후에 섭취한 먹이의 종류나 그에 따른 정동적인 체험에 의해 개개의 동물에게는 다양한 기호가 생기게 된다.

이제 막 젖을 뗀 개나 고양이에게 계속 같은 먹이를 주어 키운 경우와 다양한 종류의 먹이를 주어 키운 경우, 성장했을 때 기호성을 비교한 연구에서는 일반적으로 다양한 먹이를 주어 키운 동물 쪽이 새로운 먹이에도 흥미를 보이고 무엇이나 먹으려 하는 경향이 보였다고 한다. 또한 육식동물은 고기만 먹는 것처럼 생각되지만 개과나 고양이과 야생동물들은 먹이인 동물의 고기뿐 아니라, 뼈나 날개 또는 초식성 동물의 장관내용물 등도 중요한 요소가 된다. 개도 고양이도 때로 풀(특히 긴 잎)을 먹는데 그 이유에 대해서는 구토나 배설을 촉진하거나 소화관내의 기생충을 제거하기 위해서가 아닐까, 라는 다양한 가설이 있지만 진실은 아직 알 수 없다.

(4) 특이적 기아

동물은 음식에서 탄수화물이나 지방, 단백질과 같은 것뿐만 아니라, 미네랄이나 비타민 등 다양한 영양소를 섭취하고 있다. 이 중 특정성분이 부족한 상태에 놓이면 동물은 결핍된 성분을 적극적으로 섭취하려는 먹이에 대한 자기선택행동을 보이는 것으로 알려져 있다. 예를 들어, 랫에 특정 아미노산(리신 등)이 결핍된 먹이를 계속 주면 여러 가지 아미노산을 녹인 용액을 늘어놓고 자유롭게 먹도록 했을 때, 리신이 들어간 용액을 선택적으로 섭취한다. 이와 같이 적절한 건강상태를 유지하기 위해 때때로 자신에게 필요한 먹이를 선택할 수 있는 동물의 '영양학적 지혜'에 대해서는 과거 많은 연구에서 동물의 경이로운 능력으로 밝혀져 있다.

(5) 미각혐오

반면, 부패한 먹이나 독이 들어간 먹이를 섭취함으로써 식후 구토나 설사를 한 불쾌한 경험을 하면, 동물은 그 먹이의 냄새나 맛을 기억하고는 같은 먹이를 두 번 다시 입에 대지 않는다. 이것은 미각혐오 또는 조건화 미각기피라 불리는 반응으로 단 한 번의 경험에 의해서도 강하게 기억된다. 사람에서도 자주 일어나는 경험으로 이전에는 좋아했던 음식이 구토나 위장장애를 일으켜(실제로는 직접 인과관계가 없어도) 이후 전혀 먹지 못하게 된 기억이 있는 사람도 많을 것이다. 앞에서 말한 특정 먹이에 대한 기호성은 식후에 체험하는 쾌정동에 관련되며, 여기서 말한 미각혐오는 반대로 식후에 초래되는 불쾌정동에 관련되어 강하게 기억 학습되는 것이다.

(6) 과식증과 무식욕증

야생동물은 살아가는데 필요한 양의 먹이를 얻기 위해 많은 시간과 에너지를 소비하고 있어 과식에 의해 비만이 되는 경우는 없다. 비만이 되면 운동능력이 떨어지기 때문에 육식동물은 사냥을 제대로 하지 못하게 되고 포식되는 동물들은 위험이 증가하게 된다. 단, 월동 등 계절적인 행동변화와 관련하여 일시적으로 지방을 몸에 축적하는 현상이 보인다. 이것은 이른바 생리적인 비만이다. 현대문명사회, 특히 일부 선진국에서는 많은 주인들과 애완동물들이 비만을 걱정하는데 원래 인간을 포함한 동물역사는 먼 옛날부터 굶주림과의 싸움이 기본이었다. 우리 인간에게는 달콤한 과일 같은 칼로리원을 발견하면 먹을 수 있는 만큼 먹어서 에너지를 비축해두듯이 신체와 행동이 프로그램 되어 있지만 현대생활과 같이 언제든 필요한 만큼 칼로리를 섭취할 수 있는 상황에서는 아무래도 과잉섭취가 일어나는 것이다.

반면, 인간에서도 동물에서도 아무것도 먹으려고 하지 않고 점차 체중이 줄어가는 무식욕증도 자주 보인다. 이것에는 동면이나 이주, 번식활동 등의 시작과 관련하여 일어나는 생리적인 것도 있지만 감염증에 걸린 동물이 사이트카인 등 면역계 인자의 영향으로 식욕을 잃는 병적인 경우도 있다. 이와 같은 병적인 무식욕증도 발열이나 행동억제 등과 마찬가지로 질환을 가능한 빨리 극복하기 위해 프로그램 된 반응의 일부로 적응적 행동으로서 진화한 것이라 해석되고 있다. 단, 불안의 항진과 같은 심리학적 요인에 의한 신경성 무식욕증(거식증이라고도 한다) 등의 경우에는 행동학적 치료가 필요하다.

3 배설행동

1) 개와 고양이의 배설행동

개나 고양이 등 둥지나 자신이 거주하는 곳을 깨끗하게 유지하는 성질을 타고난 동물들에게 화장실교육을 시키는 것은 크게 어렵지 않다. 집에서 키우는 개도 자는 장소나 먹는 장소에서는 보통 배설을 하지 않는다. 화장실교육은 기본적으로 둥지에서 떨어져 배설을 하는 본래의 성질을 가정환경 내에서 이끌어내는 과정이라 생각되므로 예를 들어, 강아지의 경우는 우선 방의 구석을 자신의 둥지라고 생각할 수 있도록 해주고 식사나 수면 후와 같이 배설이 일어나기 쉬울 때 화장실에 데려가도록 한다. 행동이 활발해져 집에 익숙해짐에 따라 둥지로서의 인식이 점차 커져 곧 집전체가 자신의 서식지로서 인식되는 것이다.

고양이의 경우는 화장실의 소재가 중요한데 적당한 모래를 넣은 화장실을 배치한 방에 고양이를 잠시 가둬두면 화장실의 사용을 학습할 것이다. 한번 화장실을 외우면 화장실을 놓는 장소를 서서히 이동하거나 우선 화장실을 여러 개 놓고 나서 목표하는 장소의 것을 최종적으로 남기는 방법을 이용하여 배설장소를 지정하는 것도 가능하다.

앞에서 말했듯이 개나 고양이의 배설행동에 관련된 특징 중 하나는 새끼의 항문이나 음부를 핥아 배설을 촉진시키는 어미의 행동이다. 막 태어난 새끼강아지나 새끼고양이는 자극 없이는 배설하지 못하며 배설물은 곧 어미에게 섭취되므로 이러한 배설행동의 시스템은 둥지를 청결히 유지하는데 매우 효과적이다. 위생적인 면에서 유리한 것은 물론, 이러한 행동으로 인해 새끼의 배설물의 냄새를 단서로 둥지를 적(포식자 등)에게 보일 가능성을 줄이므로 둥지에서 육아를 하는 동물에게는 중요한 행동으로서 진화한 것이라 생각된다.

2) 배설과 마킹행동의 차이

개를 산책에 데리고 가면 여러 장소에서 배뇨를 하려고 하는데 이 행동에는 자신의 영역에 냄새를 묻히는 마킹의 의미가 있다. 수컷과 암컷에서는 행동의 빈도에 차이가 있는데 일반적으로 수컷 쪽이 훨씬 많이 마킹을 한다. 수컷의 경우, 전신주나 나무 등 수직의 대상물을 향해 한쪽 다리를 들고 가능한 높은 곳에 오줌을 묻히려고 한다(제1장 참조). 이 행동은 암컷에게는 거의 보이지 않으며 성적이형을 보이는 행동의 대표적인 예로 잘 알려져 있다. 실제로 웅성호르몬인 안드로겐의 분비상태와 마킹빈도의 변화에 관련이 있다는 것이 알려져 있다. 예를 들어, 성 성숙에 따라 빈도가 높아지고, 거세를 하면 저하한다는 등도 하나의 예이다. 이렇게 마킹에 의해 자신의 행동범위의 이곳저곳에 남기는 냄새에는 많은 정보가 들어 있다. 냄새를 맡은 개는 '어떤 개체가 언제쯤 이 장소에 왔고, 그 개체의 생리적 상태는 어떻다'라는 상세한 것까지 알 수 있는 것이라 생각된다.

고양이과 동물에서는 보통의 배뇨와는 다른 자세로 엉덩이를 높이고 수직의 대상물을 향해 오줌을 발사하는 오줌스프레이라는 마킹행동이 잘 알려져 있다. 이 행동에도 성적이형성이 보이며 수컷고양이 쪽이 암컷보다 빈도가 훨씬 많다. 실내에서 사육하는 고양이가 벽이나 가구 등을 향해 오줌스프레이를 하게 되면 문제행동이 된다. 수캐의 마킹과 마찬가지로(또는 그 이상으로) 이 행동은 웅성호르몬 의존성이며 거세를 함으로써 오줌스프레이의 빈도가 현저히 낮아지는 것으로 알려져 있다.

영양류 등 야생 초식동물에서는 분변에 의한 마킹이 널리 알려져 있다. 늑대 등에서도 분변을 이용한 마킹이 보고되어 있지만 개나 고양이의 분변에 의한 마킹에 대해서는 오줌에 의한 마킹만큼 잘 알려져 있지 않다. 배설한 뒤 발로 지면을 긁어서 흙을 덮는 행동이 보이며 이것에는 시각적인 과시의 의미가 있다는 지적도 있으나 아직 자세한 것은 아직 알 수 없다.

4 몸단장행동

1) 개와 고양이의 그루밍행동

그루밍에는 입에 의한 오럴그루밍과 뒷발에 의한 스크래치그루밍, 그리고 앞발을 핥아서 얼굴이나 머리를 닦는 행동 등이 있다. 오럴그루밍에서는 혀와 이가 사용된다.

복수의 개체가 서로 그루밍을 함으로써 직접 닿지 않는 체표부위의 손질을 할 수 있는데 이 상호 간의 그루밍에는 가족이나 무리의 동료 간의 친화적 행동(Affiliative Behavior)으로서의 사회적 의미도 크다. 주인이 개나 고양이를 쓰다듬는 것은 동물들이 충분히 사회화되어 있어 쓰다듬는 것에 불안을 느끼지 않는 한, 동물에게도 주인에게도 서로 즐겁고 기분 좋은 행동이다. 실제로 애완동물을 가리키는 펫(pet)은 원래 '애무하다'라는 말에서 온 것이다.

2) 행동발달에의 영향

개나 고양이 등 미숙한 상태로 태어나는 동물에서는 초기의 발달단계에서 어미로부터 받는 보살핌의 질과 양이 그 후의 행동패턴의 발달에 영속적인 영향을 미칠 수 있다고 생각된다. 실험동물(설치류)을 이용한 최근 연구에 따르면, 어미로부터 그루밍을 충분히 받고 자란 새끼는 성장하여 불안경향이나 공격성이 낮아진다는 것이 확인되었다. 이러한 연구는 같은 유전적 배경을 가진 랫이나 마우스의 형제들을 2그룹으로 나누어 육아를 열심히 하는 어미와 그렇지 않은 어미에게 자라게 하여 인위적으로 모성행동을 저해해보거나 다양한 연구자가 다양한 수단을 이용하여 반복 실험을 하여 확인되었다. 그 결과, 어린 시기에 어미에게 그루밍 받음으로써 받는 체표의 자극이 뇌의 정상 발달에 큰 영향을 미친다는 사실이 밝혀져 지금 그 메커니즘에 관한 연구가 진행 중이다. 개나 고양이의 새끼들이 제대로 사회화하기 위해서는 사회화기라 불리는 시기가 중요한데 이러한 발달행동학적으로 중요한 과정에도 어미나 형제 또는 주인으로부터의 그루밍(핸들링을 포함)이 깊은 관련이 있다.

5 문제행동과의 관계

1) 섭식에 관한 문제행동

앞에서 말한 과식증이나 무식욕증 외에 본래의 먹이가 아닌 것을 섭취하려고 하는 이기(異嗜), 이상한 수렵행동에 관련하여 다른 동물이나 인간을 공격하는 포식성 공격행동, 음식알레르기, 성장 후의 고양이의 이상 흡유양 행동 등 다양한 종류가 알려져 있다.

2) 배설에 관한 문제행동

화장실 이외의 장소에서 배설을 하는 부적절한 배설, 냄새를 묻히는 마킹행동 등이 대표적인 것으로 모두 집을 더럽힌다는 의미에서 주인에게는 성가신 행동이 된다. 원인으로는 단순히 화장실의 위치나 소재가 마음에 들지 않는 경우도 있으나 같이 사는 동물과의 사회적 스트레스 등이 원인인 경우 등 다양한 경우가 생각된다.

3) 몸단장에 관한 문제행동

그루밍이 모자라면 피부나 피모의 건강이 유지되지 않는다. 반대로 과잉 과루밍은 지성 피부염을 비롯한 자상적인 행동으로 이어지는 경우가 있고 털뭉치를 삼켜 식욕부진이 되거나 의기소침에 지기도 한다. 흥미로는 행동으로서 고양이에서는 다양한 경우에 전이행동으로서의 그루밍이 짧게 보이는 경우가 있다. 갈등적인 상황에 불안을 완화시키는 행동인 것으로 해석된다.

복습
① 섭식행동의 동물종차 ② 배설행동의 동물종차 ③ 몸단장행동의 동물종차

과제 5
① 개와 고양이에서 섭식행동에 관련하여 주의해야 할 점은 무엇인지 설명해보자.
② 개와 고양이에서 배설행동에 관련하여 주의해야 할 점은 무엇인지 설명해보자.

chapter **6**

사회적 행동

학습목표

① 무리에서의 사회적 행동에 대해 생각해보자.

② 공격행동에 대해 이해한다.

③ 친화적 행동에 대해 이해한다.

1 서 론

사회적 행동이란 복수의 개체 간에 일어나는 다양한 행동의 총칭이다. 어떤 동물 종에서 다른 동물 종(사람을 포함)으로의 행동적 동기부여도 많지만 각각의 동물 종에 따른 사회적 행동의 기본패턴은 같은 동물종의 집단 내에서 형성되는 것이다. 따라서 우선은 동종의 동물 간의 교류방법을 잘 배울 필요가 있다. 개와 고양이의 사회적 행동은 결코 동일하지 않다. 이것은 우리 인간들이 그들에게 접하는 방법도 상대가 개인지, 고양이인지에 따라 당연히 달라져야 한다는 점을 시사하고 있다.

2 동물의 사회구조

1) 무리의 구조와 사회적 순위

많은 동물들이 무리를 이루어 살고 있다. 무리를 만드는 이유는 개개의 동물들이 존재하고 번식하는데 유리하기 때문이다. 예를 들어, 수렵을 할 때 서로 협력하면 먹이를 잡을 수 있는 가능성이 높아지고, 또한 적으로부터 몸을 보호한다는 의미에서는 집단으로 있으면 경계에 빈틈이 없어 유리하다. 같은 무리 내에서 번식의 상대를 발견하는 것도 가능하므로 이점이 많다. 그러나 먹이나 휴식장소와 같은 자원은 한정되어 있기 때문에 집단이 커지면 곧 무리 내에서 유한한 자원을 둘러싸고 심각한 경쟁이 일어나게 된다.

사회성이 높은 동물 종에서는 우열순위가 확실히 형성되고, 이에 따라 개체 간의 마찰이 최소화되고 있다. 이 경우, 우위인 개체의 위협은 열위인 개체에게 복종행동을 일으키기 때문에 싸움은 피할 수 없다. 개의 선조종인 늑대는 이러한 사회성을 명확하게 가지고 있는 대표적인 동물로 무리(팩이라 부른다) 내에서는 알파라 불리는 최상위 개체를 정점으로 엄격한 서열을 유지하고 있다. 무리에는 알파의 수컷과 알파의 암컷이 있고 수컷과 암컷에서 각각 독립된 서열이 형성된다.

고양이는 우리들 주변의 동물 중에서 유일하게 이러한 사회성을 명확하게 갖지 않는 동물이다. 따라서 가정이나 지역에서 보이는 고양이집단에서는 독특한 사회적 구조와 순위가 보인다. 예를 들어, 어떤 집단에서는 특정 수컷고양이가 전제군주적으로 우위적 입장을 가지고 나머지 고양이들은 하위의 동등한 입장에 있는 경우도 있을 것이다. 이러한 경우, 안정된 계급구조가 아니므로 사소한 계기로 개체 간에 싸움이 일어난다. 확실한 서열이 없기 때문에 싸움의 결과를 예측하는 것은 어렵다. 사회적인 동물의 경우는 몸의 크기나 체중, 성별 등의 요소가 승패에 영향을 주지만, 반면 고양이의 경우는 하루의 시간대나 장소, 먹이의 존재, 과거의 경위, 함께 사는 고양이의 수 등 복잡한 요인에 의해 영향이 생긴다. 예를 들어, 2마리의 고양이가 길에서 우연히 만났을 경우 등 평소와는 다른 시간대에 지나가는 고양이 쪽이 길을 양보하는 경우가 많다. 먹이를 둘러싼 전쟁에서도 엄격한 사회성을 가진 동물 종에서는 우위의 개체가 열위의 동물에게서 먹이를 빼앗지만 고양이의 세계에서는 보통 이러한 광경은 볼 수 없고, 자신의 순서를 기다려 공유하려는 경우가 많다.

고양이는 원래 비사회적 동물이기 때문에 특정 개체에 대해 친밀한 관계를 구축한다기보다 자신의 생활권이나 영역에 대해 강한 연대를 형성한다. 따라서 고양이에서는 사회적 거리가 중요하다(그림 6-1). 고양이의 사회적 거리는 몇 단계로 나눌 수 있다. 가장 바깥쪽에 있는 큰 범위가 평소의 생활에서 행동하는 범위인 생활권(home range)이다. 인근에 사는 고양이들 간에는 생활권이 겹치지만 그 안쪽에 있는 세력권은 보통 겹치지 않는다. 세력권(territory)은 방위해야 할 영역이다. 그 안쪽에는 낯선 고양이가 접근하는 범위인 사회적 거리가 있고 그 이상의 접근은 특별한 관계의 고양이에게만 허용된다. 이와는 달리, 익숙하지 않은 고양이나 타종의 동물이 접근한 경우에 도망가는 거리를 도주거리, 그리고 도주하려고 해도 그렇지 못하거나 알아차리는 것이 늦어서 자기방위의 반격으로 바꿀 수 없는 거리를 임계거리라고 한다. 이러한 거리는 고양이를 둘러싼 다양한 외적 또는 내적인 상황에 따라 시시각각 변할 수 있다.

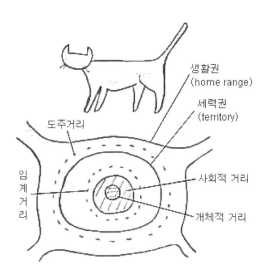

낯선 개체가 도주거리보다 접근하면
도망치고, 임계거리보다 안으로 들어오면
공격이 일어난다

그림 6-1   고양이의 사회적 거리

3 공격행동

1) 공격행동의 종류

공격행동은 2마리 또는 그 이상의 개체 간에 보이는 경합적인 상호관계로 도주, 방위적 행동, 공격행동에 관련된 자세나 표정에 의해 알 수 있다. 공격행동이라고 하면 동물 상호 간에 싸우고 있는 모습을 떠올리지만 다음에 설명하듯이 공격행동은 그 동기부여의 차이에 따라 몇 종류로 분류할 수 있다. 공격성은 그 종류에 따라 관련되는 문제행동에 따라 대응 방법도 다르므로 정확히 이해해두는 것이 중요하다.

동종의 동물 간에 일어나는 정동적 반응을 동반하는 공격행동과, 육식동물이 수렵 시 보이는 포식성 공격행동으로 크게 나누어진다. 후자는 다른 공격행동과 달리, 정동적인 반응이 전혀 동반되지 않는다는 것이 특징이다.

(1) 포식성 공격

여기서 설명하는 공격행동의 대부분은 같은 동물종의 동료 간에 일어나는 싸움에 관련된 것인데 포식자가 사냥감에 대해 보이는 공격행동에는 다른 공격행동에서 보이지 않는 몇 가지 눈에 띄는 차이가 존재하는 것으로 알려져 있다. 예를 들어, 개와 늑대는 동료 간의 싸움에서는 서로를 물 때 힘을 억제하지만 이것을 사냥감에 이용하는 경우는 없다. 또한 고양이는 보통 사냥감을 잡을 때 송곳니를 사용하여 공격하지만 고양이 간의 싸움에서는 발톱을 사용하는 경우가 많다. 개나 고양이나 동료끼리 싸우는 경우에는 털을 세우거나 큰 소리를 내면 감정의 고조가 동반되지만, 수렵에서는 그러한 변화가 보이지 않는다. 고양이는 먹이인 설치류나 작은 새에게 소리 없이 다가가 충분히 접근한 뒤 타이밍을 보고 공격한다. 그 모습은 냉정 그 자체로 시끄러운 싸움과는 전혀 다르다.

(2) 수컷간의 공격

많은 동물 종에서 수컷 쪽이 암컷에 비해 원래 싸움을 일으키기 쉬운 성질이 있으며 이 차이는 아마도 태아기 또는 신생아기의 두뇌 발달 성적이 형성을 반영한 것으로 생각된다. 수컷끼리의 공격성이 발현하는 데는 웅성호르몬인 안드로겐이 필요하며 성성숙의 시기에 테스토스테론의 대량분비가 일어나면서 공격성이 높아진다. 계절번식동물과 같이 1년의 특정 시기에만 안드로겐분비가 높아지는 동물 종에서는 이 내분비변화와 동시에, 공격행동도 명확해진다(그림 6-2).

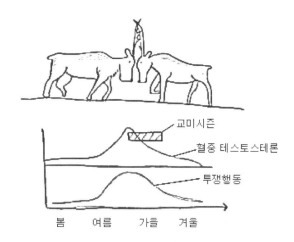

교미시즌

혈중 테스토스테론

투쟁행동

봄   여름   가을   겨울

수컷간의 공격행동은 번식계절이 오기전에
일어나는 혈중 테스토스테론농도의 상승에
따라 현저히 증가한다

그림 6-2 수컷사슴간의 투쟁행동

(3) 경합적 공격

먹이나 보금자리와 같은 한정된 자원을 둘러싸고 또는 무리 내의 순위를 둘러싸고 동물은 경합하며 이것이 공격행동으로 발전하는 경우가 있다. 개와 같은 사회성이 높은 동물에서는 서열과 그에 관련된 위협·복종행동에 따라 대개 결론지어지므로 실제 투쟁으로 발전하는 경우는 적다. 한편, 고양이와 같이 그룹 내의 명확한 우열관계나 서열을 갖지 않는 동물에서는 실제로 투쟁으로 발전하거나 선착순으로 양보하는 행동이 보이고 있다.

(4) 공포에 의한 공격

동물이 불안이나 공포를 느끼는 상황에서 벗어나려고 하나 그것이 불가능한 경우 공포에 의한 공격이 일어나는 경우가 있다. 그야말로 '궁지에 몰리면 쥐도 고양이를 문다(내몰린 쥐가 고양이에게도 덤비듯이 절체절명의 궁지에 몰려 필사적이 되면 약자도 강자에게 덤비는 것)'라는 행동적 반응이다. 공격전에는 위협이 보이고 그 위협은 보통 방어형의 것이다. 공포에 의한 공격은 동종의 동물뿐 아니라, 사람 등 다른 동물 종에도 향하며 실제로 사람이 동물로부터 받는 공격 중에서 가장 많은 것이 이 형태이다. 예를 들어, 사람에게 으르렁거리거나 물거나 함으로써 상대를 쫓아내는 것이 반복되면 그 경험에 의해 공격성은 점차 자기강화 되어간다. 이 형태의 공격성에 암수의 차이는 보이지 않으므로 거세의 효과도 거의 기대할 수 없다.

(5) 아픔에 의한 공격

아픔은 방어적인 공격행동을 일으킨다. 수컷이나 암컷 모두에게도 아픔을 동반하는 자극을 받으면 공격행동을 일으키는 반응이 생득적으로 포함되어 있다. 개나 고양이의 치료를 할 때 아픔을 동반하는 조치가 필요한 경우에는 아픔에 의한 공격에 주의해야 한다. 또한 개들 간의 싸움을 멈추려고 개를 때리거나 하면 공격성이 더 격화되는 경우도 있으므로 주의해야 한다.

(6) 영역적 공격 또는 사회적 공격

많은 동물 종에서는 낯선 개체가 자신의 영역에 침입하거나 무리에 접근하면 우선 경계를 높이고 그 위협이 사라지지 않으면 공격적인 행동이 일어난다. 개와 고양이도 자신의 세력권에 침입한 동종의 낯선 개체에 대해 공격적으로 행동하는 경우가 많다. 특히 개는 보통 주인의 가족을 무리의 동료로 인식하기 때문에 집이나 마당에 들어온 낯선 사람에 대해서도 개에 대한 것과 마찬가지로 위협이나 공격하여 쫓아내려 한다. 동시에, 무리의 동료에게 위험을 알리는 특별한 짖는 방법(경계포효)을 하여 주인의 주의를 환기시키는 것이다. 반면, 그 외의 동물에 대해서는 그렇게 심한 반응을 보이지 않고 고양이, 새, 말 등이 세력권에 들어와도 무관심한 경우가 많다. 단, 이 행동경향에는 견종 차나 개체차가 크고 집을 지키는 개로서 이용되는 공격성이 심한 개도 있지만 침입자에게도 꼬리를 흔들며 환영하는 붙임성 좋은 개도 있는 등 실로 다양하다(그림 6-3).

(7) 모성행동에 관련된 공격

어미가 새끼를 지키기 위해 보이는 공격행동에서는 위협도 없이 전력으로 갑자기 상대방을 공격하는, 다른 공격과는 다른 패턴을 보인다. 야산을 걸어가다가 갑자기 곰의 어미와 새끼 사이에 들어가게 되어 어미 곰에게 습격을 당하는 일이 그러한 예이다. 가축에서는 이와 같은 관리상 문제가 되는 행동이 되도록 생기지 않도록 육종선발이 반복되어 왔으므로 야생일 때와는 전혀 다른 모성행동을 보이게 된 동물도 있다. 예를 들어, 젖소는 그 전형적인 예로 출산 후 곧바로 새끼소를 데려가도 관심을 보이지 않고 전혀 저항하지 않는 어미도 있을 정도이다. 개나 고양이의 경우는 개체 차이가 크다. 출산에도 사람의 손을 빌리는 경우도 있지만 보통은 사람을 잘 따랐어도 분만 후 사람을 접근하지 못하게 하는 동물도 있다.

그림 6-3 낯선 사람에 대한 공격성의 차이
(누구에게나 상냥하게 다가가는 개도 있지만 덤벼드는 개도 있어 공격성에는 큰 개체차가 보인다)

(8) 학습에 의한 공격

군용견이나 경찰견과 같이 공격성을 훈련에 의해 높이는 것은 가능하다. 또한 개가 배달부가 올 때마다 짖어 위협하는 것을 자기 학습한 결과, 더 심하게 짖게 되는 경우도 있다. 이 경우, 배달부는 용무가 끝나 사라지는 것뿐이지만 개 쪽은 자신이 짖어서 상대가 도망갔다고 착각하기 때문에 이 반응이 보상이 되어 공격행동이 강화되는 것이다.

(9) 병적인 공격

보통 공격행동이 일어나는 경우는 관찰자에게도 이해할 수 있는 원인이나 이유가 있는데 이러한 상황(문맥이라고도 한다)도 없이 갑자기 심한 공격행동을 보이는 경우가 있다. 얌전하고 예의 바른 개가 갑자기 주인을 공격하여 그 이유가 전혀 확인되지 않는 사례가 보고되어 있다. 전조가 없기 때문에 예측할 수 없어 대형견의 경우는 매우 심각한 문제가 된다.

뇌에 어떠한 이상이 있기 때문으로 추측되고 있으나 개개의 케이스에 따라 원인은 다양하게 다를 것으로 생각된다.

2) 위협 및 복종의 행동양식

동물은 사회적인 상호관계 속에서 항상 먹이나 번식상대, 좋은 보금자리, 휴식장소의 획득과 유지를 위해 서로 경쟁하고 있기 때문에 다양한 적대적 행동이 관찰된다. 적대적 행동에는 위협, 도주, 복종, 실제 공격 등이 포함된다. 사회성이 높은 동물 종에서는 무리의 질서를 유지하는데 위협과 복종에 관련된 행동은 대단히 중요하다. 사회적인 동물이나 비사회적인 동물도 2마리의 동물이 만나 갑자기 격투를 시작하는 경우는 드물고 대부분의 경우, 위협이 선행된다. 단, 야외에서 자유롭게 생활하고 있는 수컷고양이와 수캐를 포획하여 조사해보면 고양이 쪽이 싸움에 따른 외상을 더 많이 가지고 있다고 한다. 그 이유는 동일한 적대적 상황이 발생했을 때 고양이는 위협이나 복종만으로는 수습되지 않고 실제 결투로까지 싸움이 발전하는 경우가 많기 때문으로 생각된다.

개와 같이 사회성이 높은 동물은 한쪽의 위협에 대해 다른 쪽이 복종의 자세를 취하면 그 이상의 싸움으로는 발전하지 않고 적대적 관계가 종료한다. 단, 위협에는 공격적인 위협과 방어적인 위협이 있고 사용되는 자태나 표정이 다르다. 예를 들어, 자신이 먹고 싶은 먹이의 곁에 있는 개를 쫓아내고 싶은 강자인 개가 보이는 위협은 공격적인 위협인 반면, 먹이 곁에 있고 접근하는 개가 무섭지만 빼앗기는 것은 싫어서 그 이상 접근하면 물린다, 라고 필사의 형상으로 으르렁거리고 있는 경우는 방어적인 위협이다. 그 상세에 대해서는 다음 장에서 설명한다.

4 친화행동

1) 친화행동이란?

앞에서 말했듯이 무리 내에서는 한정된 자원(먹이, 휴식장소, 번식상대 등)을 둘러싸고 항상 다양한 적대적 상황이 일어나고 있는 반면, 동물에게는 무리의 동료들과 함께 있는 것을 즐기고 기뻐하는 행동도 많이 보인다. 서로 냄새를 맡고 몸을 기대고 그루밍을 하거나 장난치는 모습은 보고 있는 인간의 마음도 완화시켜준다. 이러한 행동은 동물들이 긴장하고 있지 않고 편안한 상태에서만 관찰된다. 동물매개요법이나 동물매개활동 등에서 주목되고 있는 동물이 가진 치유효과의 비밀에 대해서는 '편안한 상태의 동물을 보는 것은 우리들보다 훨씬 경계심이 뛰어한 동물이 그 행동을 통해 위험이 없다는 것을 알려주는 것이며 따라서 우리들도 마음으로부터 편안해질 수 있기 때문이다'라는 견해도 있다.

2) 무리의 동료의 인식

다음 장에서 말하는 커뮤니케이션에 관한 문제인데 동물은 다양한 감각계를 이용하여 무리의 동료를 식별하고 있다. 후각은 그중에서도 결정적인 정보로 배우자의 선택에도 관련되지만 동물은 발달단계의 어느 시기까지 친숙한 냄새를 기억하고 이 냄새를 행동패턴(예를 들어, 공격할지 받아 들일지)의 결정을 위한 판단기준으로 삼고 있는 듯하다. 설치류에

갑자기 마주하면 공격적인
행동이 유발될지도 모르지만

미리 서로의 냄새를 맡게하면

예를 들어
타월을 사용해서

우호적인 관계를 구축하기 쉽다

그림 6-4 냄새에 의한 동료의 인식

서의 연구에 따르면 수컷끼리의 경우 유아기부터 함께 자란 동물은 성장을 해도 동료로서 접하지만 성 성숙 후에 처음 만난 개체에 대해서는 심한 공격행동을 보여 친화적 행동이 보이는 경우는 일단 없다고 한다. 개나 고양이의 경우는 충분히 사회화 된 개체들이라면 성장 후 처음 만난 경우에도 사이좋게 함께 살 수 있을 가능성이 높지만 우선은 서로의 냄새가 묻은 타월을 맡게 하는 등 냄새를 익숙하게 하여 처음의 만남이 적대시 되지 않을 수 있도록 배려를 하면 보다 수월할 것이다(그림 6-4).

3) 인사행동과 친화행동

개가 산책을 하는 도중에 다른 개를 만나면 우선 코를 상대방의 코에 근접하여 냄새를 맡고 다음은 뒤로 가서 항문음부의 냄새를 맡으려고 한다. 아마도 전자는 개체식별에 관련되고 후자는 상대의 기분이나 생리적 상태에 관련되는 것일 것이다. 동물들이 몸을 서로 기대고 몸단장을 하는 상호 그루밍은 대표적인 친화행동인데 놀이도 또한 친화행동 중 하나로 생각된다. 놀이는 어렸을 때 보이는 목적이 분명하지 않은 단편적인 행동의 조합으로 성행동이나 수렵행동 등의 요소가 맥락 없이 발현하여 투쟁행동이 보여도 본래의 서열에는 관계 없이 입장이 뒤바뀌기도 한다. 성장을 해도 친숙한 개체 간에는 놀이행동이 보이는 경우가 있고 특히 유형성숙(neoteny)이 심한 애완동물에서는 새끼의 행동패턴이 시간이 지나도 사라지지 않기 때문에 이 경향이 더 명료하게 나타난다.

5 문제행동과의 관계

1) 우위성에 관한 문제행동

개는 대부분의 경우 주인의 가족을 무리라고 인식하고 자신을 그 일원으로 위치시키기 때문에 인간과 강한 연대로 묶여 친밀한 관계를 구축할 수 있는 것인데 무리 내에서의 자신의 순위를 가족 중의 누군가 또는 전원보다 위에 있다고 자각하게 되면 우위성 공격행동이라는 문제가 나타난다. 또한 여러 마리의 개를 키우고 있는 가정에서는 보통 개들 간에 서열이 있어 관계가 안정되는 것인데 때로는 주인의 개입 등에 따라 서열이 안정되지 않거나 노령 또는 병에 의해 우위인 개의 입장이 약해지면 공격적인 상황이 자주 발생하는 경우가 있다.

2) 사회적 스트레스에 관한 문제행동

인간사회에서 사회적 스트레스가 심신의 건강에 큰 영향을 미치는 것으로 알려져 있는데 동물에서도 동일한 문제가 일어난다는 것이 지적되어 있다. 주인이나 함께 사는 동물 또는 사육환경에 기인하여 초래되는 다양한 사회적 스트레스는 일반적으로 동물의 불안 수준을 높이며, 동시에 면역계나 순환계 등 다양한 자율기능에도 악영향을 미쳐 결과적으로 생활의 질을 크게 저하시키는 경우가 있다. 항불안약 등의 처방에 따라 상태가 개선되는 경우도 있지만 불안을 일으키는 스트레스의 원인(stressor)을 발견하여 이것을 배제하는 근본적인 대책이 필요하다.

복습

① 동물에서의 사회적 행동의 의미   ② 공격행동의 분류   ③ 친화적 행동

과제 6

① 개와 고양이에서의 사회적 행동의 차이와 그 이유에 대해 설명해보자.
② 사회적 행동이 관련된 개의 문제행동에 대해 설명해보자.

chapter **7**

커뮤니케이션

학습목표

① 커뮤니케이션과 신호에 대해 이해한다.

② 개의 커뮤니케이션행동에 대해 이해한다.

③ 고양이의 커뮤니케이션행동에 대해 이해한다.

1 서 론

하나의 동물 종에서 커뮤니케이션 방법에는 3가지 주요한 형태가 있다. 시각에 의한 것, 청각에 의한 것, 그리고 후각에 의한 것이다. 개와 고양이 또는 사람과 개와 같이 다른 동물 종간에도 커뮤니케이션이 성립하는데 상호간에 발생시키는 신호나 그에 따른 정동적인 변화를 이해하기 위한 생득적인 능력이 갖춰져 있지 않기 때문에 경험을 통해 신호의 의미를 배울 필요가 있으며 더 복잡해진다.

커뮤니케이션이 성립할 때는 신호를 보내는 쪽에서 발신된 정보에 의해 받는 쪽의 행동에 어떠한 변화가 일어난다. 예를 들어, 개가 눈앞의 상대를 쫓아내려고 위협하는 경우는 털을 곧게 세우고 송곳니를 드러내고 상대를 응시하고(시각신호) 낮은 소리로 으르렁거리고(청각신호) 해명되지는 않지만 공격성을 나타내는 냄새를 보내(후각신호) 이러한 신호를 받은 개체는 복종적인 태도를 취하고 물러가거나 반대로 덤비거나 어느 쪽이든 새로운 행동을 상대에게 취하게 하는 것이다.

 사회적 집단 속에서 생활하는 동물에 있어서는 한정된 자원인 먹이나 안전하고 살기 좋은 장소 또는 배우자 등을 둘러싼 경쟁이 대단히 엄격한 것이다. 경쟁은 싸움이나 죽음으로 이어지는 것도 있어 이러한 경쟁에 일일이 싸워서 결론을 내리는 것은 위험이 너무 크다. 커뮤니케이션행동이 진화한 이유 중 하나는 무리 내에서 이러한 경합적인 상호작용의 빈도나 정도를 가능한 한 낮추는 것에 있었다고 생각된다. 예를 들어, 수캐가 다른 수캐를 만났을 때 서로의 격투능력이나 동기부여의 강도에 관한 정보는 곧바로 전달된다.

 커뮤니케이션에서 사용되는 신호에는 의도적인 정보전달의 신호도 있고 그렇지 않은 자연적으로 주위에 뿌려지는 신호도 있다. 예를 들어, 동물병원의 진찰실에 데려 온 개에게는 다양한 개성이 보이는데 공격적인 개가 직원에게 발하는 위협신호는 전자이고, 겁이 많고 떨고 있는 개가 발하는 불안신호는 후자이다.

 어떤 집단 속에서 이용되는 신호는 그 신호가 가진 정보와 사용되는 상황이 중요한 경우에는 더 눈에 띄기 쉽거나 중복되어 사용되는 등 신호의 특성이 진화하는 경향이 있다. 예를 들어, 포효는 소란스러운 환경에서도 멀리서도 알 수 있는 명료한 청각신호로, 또한 위협 시 공격적인 표정과 자세 또는 으르렁거림 등이 일제히 발해지는 것은 중복의 일례이다. 또한 중요한 신호 중에는 그 패턴이 형식에 맞는 상동적인 성질을 가진 것도 있고 개과 동물에서 보이는 놀이를 유발하는 인사행동 등은 '고정적 동작패턴' 또는 '의식화 된 동작패턴'이라 불린다.

 찰스 다윈의 저서에는 위협하는 개와 복종 자세를 취하는 개의 유명한 삽화가 그려져 있다(그림 7-1). 동일한 개가 상황에 따라 어떤 자세도 취할 수 있는 것이다. 다윈은 누구에게나 친숙한 이 자세의 극단적인 차이에서 '정반대의 원리'를 유도했다. 즉, 반대의 의미를 가진 신호는 애매함을 피하기 위해 종종 정반대의 표현이 된다는 개념이다. 예를 들어, 자세를 보면 공격적인 개는 신체를 크게 보이려 하고 복종하는 개는 반대로 신체를 작게 움츠리고 있다. 청각신호도 마찬가지로 공격측이 내는 으르렁거리는 소리는 낮고 사나운데 이것은 신체가 큰 개체는 물리적으로 주파수가 낮은 큰 소리를 발하기 때문에 역시 자신을 가능한 크게 인상시키기 위해 진화한 것인지도 모른다. 복종측에서 주로 발하는 컹컹 하는 높고 맑은 음색은 우호적인 상황이나 상대를 진정시키거나 달랠 때 사용되는 소리로 아마 공격음과 혼동되어 적대적인 반응을 일으킬 가능성이 최소화되도록 진화한 것으로 보인다.

 가축화 된 모든 동물은 인간의 요구에 따른 육종선발의 과정을 거쳐 신체의 형태나 기능에 다양한 변화가 일어났는데 개는 그중에서도 현저한 변이가 인위적으로 만들어진 동물이다. 그 영향은 그들의 커뮤니케이션에도 미치는데 예를 들어 짧은 머리, 처진 귀, 말리고 짧은 꼬리, 서지 못할 정도로 긴 피모와 같은 특징을 가진 개에서는 시각적인 신호가 애매해지거나 전혀 의미를 갖지 못한다. 동물을 취급할 때는 일반적인 법칙을 이해한 다음, 이러한 특이적인 차이에도 배려할 필요가 있다.

위협

복종

그림 7-1 커뮤니케이션에서의 정반대의 원리

5 개의 커뮤니케이션행동

1) 시각을 통한 커뮤니케이션행동

근거리 또는 중거리 커뮤니케이션에서 시각신호는 효과적이며 상대의 대응을 보면서 즉시 신호를 바꿀 수 있다는 점도 유리하다. 늑대 무리에서는 동료 간의 커뮤니케이션의 대부분이 자세나 표정의 변화로 된 시각표시에 의해 이루어진다. 마찬가지로 시각계를 통한 커뮤니케이션은 개와 개 또는 개와 사람의 커뮤니케이션에서도 중요한 전달양식이다.

그림 7-2, 그림 7-3에 나타낸 것처럼 공격성과 공포의 정도가 다양한 비율로 섞이면서 그때의 기분을 나타내듯이 귀나 꼬리의 위치, 신체전체의 자세, 얼굴표정 등으로 이루어진 커뮤니케이션신호가 연속적으로 형태를 만들어간다. 머리의 위치는 공격 시에는 높고 복종 시에는 낮고 목이 늘어난다. 귀의 위치는 공격 시에는 경계태세와 동일해지고 복종 시에는 뒤로 쏠려 내려간다. 또한 눈은 위협 시에는 상대를 직시하고 복종 시에는 피하고 공포를 느꼈을 때는 크게 열린다. 꼬리의 위치도 공격적일 때는 높이 올라가고 반대로 복종 시에는 낮게 내리거나 배 밑으로 말린다. 꼬리는 표현력이 풍부하여 일반적인 인식과는 달리, 꼬리를 흔드는 행동이 반드시 우호적인 기분을 의미하는 것은 아니다. 높은 위치에서 꼬리를 흔드는 행동은 우위인 개체에 따른 위협의 경우도 있다. 반면, 꼬리를 크게 흔드는 경우는 우호적 또는 복종적 기분을 나타내며 놀이를 유발하는 때도 그렇다. 복종적인 개가 상대를 진정시키려고 할 때는 꼬리를 낮은 위치에서 어색하게 흔든다.

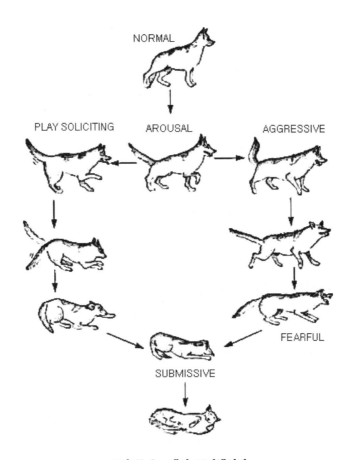

그림 7-2 개의 보디랭귀지

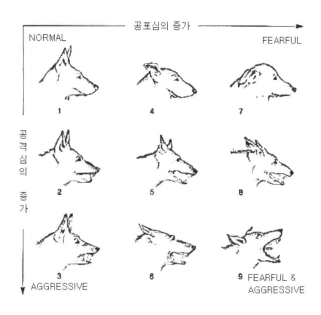

그림 7-3 개의 표정변화

 늑대에서나 개에서나 집단 내에서는 안정된 순위가 형성되고 한정된 자원에의 우선권과 지배적 역할을 갖는 권리가 우위인 개체에게 주어진다. 이 순위제는 우위인 개체가 보이는 위협행동에 따라 확립되고 유지되는데 이 행동에는 신호를 보내는 쪽의 공격성에 대한 의지나 그 강도가 의식적인 시각신호로서 포함되어 있다. 받는 쪽은 그에 대해 복종적인 신호를 보내 상대를 진정시거나 그렇지 않으면 위협이나 공격적 신호를 돌려줌으로써 적대적인 긴장관계를 높여간다. 성견에서는 만나자마다 서열이 확립되는 경우가 많고 두 개체 간의 상호관계에서 서로의 상대적 우위와 열위를 전달하는 양식화 된 표시행동에 의해 유지된다. 우위인 개체는 가로막고 서서 상대를 직시하고 열위인 개가 먼저 시선을 피한다. 이러한 개들 간의 사회적 우위성에 관한 의식적 행동은 사람에 대해서도 보인다. 위협 시에는 목에서 등까지의 피모를 곤두세워 외관상의 크기가 증가한다. 머리와 꼬리는 높은 위치로 유지하고 귀는 앞을 향하고 입술은 세로로 당겨 무기인 송곳니가 보이도록 이를 드러낸다. 늑대나 개에서 보이는 우위성 행동에는 상대의 비경부(muzzle)를 확실히 문다, 머리와 목을 억누른다, 올라탄다, 목과 어깨 또는 등에 털을 올린다, 와 같은 것이 있는데 이러한 행동은 의식화 되어 있어 통상은 상대에게 상처를 입히는 일은 없다.
 자신이 상대보다 열위라는 것을 전달하거나 눈앞에 보이는 공격성을 경감하기 위해 열위인 개는 이를 감추거나 배나 목과 같은 급소를 노출하는 자세를 취하는 등 일련의 복종행동을 보여 상대를 진정시키려 한다. 복종행동에는 능동적인 것과 수동적인 것이 있다. 능동적인 복종행동에는 둔부를 낮게 하고 등을 활처럼 휘어 전체적으로 낮은 자세로 우위인 상대에게 다가가거나 상대의 접근을 기다린다. 보통 꼬리는 낮은 위치에서 흔들고 코끝을 올리고 머리와 목은 낮게 유지하고 귀도 뒤로 눕히고 시선은 피하거나 상대를 응시하는 일은 없다. 한쪽 앞발을 든 채로 접었다 폈다를 반복하는 개체도 있는데 접근하면 도피를 둘러싼 갈등상태를 나타내고 있는 것이다. 접근하면 오줌을 흘리는 개체도 있다. 복종적인 개체에서는 입술이 수평으로 뒤쪽으로 당겨지는데 공격적인 개체와 마찬가지로 입술의 앞부분을 끌어올려 송곳니가 노출되는 경우는 없고 다른 표정이나 자세와 함께 보면 구별이 쉽다. 또한 열위의 개체가 혀를 내밀어 상대를 핥으려는 경우도 있는데 이것은 먹이를 토해달라고 조르며 어미 개에게 접근하는 새끼개의 동작에서 파생된 의식화 된 사회적 행동으로 생각된다. 이러한 능동적인 복종행동은 늑대 무리에서는 우위인 늑대의 우호적이고 관용적인 반응을 실제로는 이끌어내는데 효과가 있다고 한다. 반면, 수동적인 복종행동은 드러누워 한쪽 다리를 들고 꼬리를 말고 배를 보이는 행동으로 복종성 실금을 동반하는 경우도 있다. 이러한 상태에서는 보통 방어성 공격은 강하게 억제된다.

공포가 일어나는 상황에 놓이면 높은 순위의 개에서도 능동적 또는 수동적인 복종행동을 보이는데 복종성 또는 방어성 공격행동을 보이는 경우도 있다. 공격행동이 일어날 것인가, 어떻게 일어날 것인가는 견종에 따른 기질과 초생기의 경험 또는 환경요인이나 동기부여의 상태에 따라 다르다. 원래 겁이 많은 개는 방어적인 공격행동을 보이는 경우가 많고 그 경우, 복종성과 공격성이 부분적으로 섞인 행동을 보이는 경우가 있다. 이러한 개는 귀를 뒤로 눕히고 눈을 크게 뜨고 머리를 내리고 체중을 뒷다리에 실어 공포의 대상을 향한 채 도망가려 하거나 그 장에서 움직이지 못한다. 이러한 상태에서 사람이 손을 내밀거나 접근하면 갑자기 달려들어 무는 경우가 많다. 공포에 따른 공격행동은 보통 단시간에 끝나고 개는 곧 물러가는데 이러한 개에서는 떨림, 항문주위선에서의 분비물의 방출, 배설물 방출 등 자율신경계의 반응이 자주 보인다.

개에서 특징적인 시각 표시로서 한쪽 다리를 들고 배뇨하는 행동이 있다. 일반적으로 수캐에서 보이는데 수컷에게만 한정되는 것은 아니고 우위성에 관련된 행동으로 생각된다. 오줌을 이용하여 마킹하는 후각계 커뮤니케이션이라는 의미가 큰 것인데 실제로는 오줌이 축적되지 않을 때도 일어나며 성별이나 지위를 보이는 시각신호로서의 의미도 있는 듯하다. 늑대의 관찰에서는 우위의 수컷 쪽이 열위에 비해 자주 발을 올리고 열위의 개체는 주저한다고 한다.

배뇨나 배분 뒤에 앞발이나 뒷발을 이용해 땅바닥을 긁는 행동이 보이는데 이것은 배설물을 숨기기 위해서라기보다 긁음으로써 시각적 또는 후각적 흔적을 남기기 위한 행동으로 생각된다. 늑대의 우위개체에서는 세력권에 낯선 개체의 배설물이나 침입흔적이 있을 때 이러한 긁는 행동이 증가한다고 한다.

놀이를 유발하는 인사(Play Bow)는 새끼강아지에서도 성견에서도 보인다. 이 인사는 으르렁거리는 소리나 정면에서의 접근이 공격이 아니라, 뒤에 이어지는 것이 놀이라는 것을 상대에게 전달하는 의미가 있다. 놀이를 유발하는 인사에서는 낮은 자세에서 엉덩이만을 높게 올리고 앞발을 늘리거나 위 아래로 움직이면서 꼬리를 크게 흔든다. 놀이를 유발하는 상대의 앞뒤를 빠르고 크게 움직이며 정지한 상태와 움직이는 상태로의 변화가 급격히 일어난다. 표정도 특징적이어서 놀이를 유발하는 얼굴이라 불리는데 복종적으로 이를 드러내는 표정과도 비슷하다.

2) 후각을 통한 커뮤니케이션행동

후각신호는 종이나 성별, 가족과 무리, 그리고 특정 개체의 정체성(identity)에 관련된 매우 많은 정보를 정확하게 전달할 수 있다. 또한 동물이 떠나간 뒤에도 상당히 오랜 시간 동안 정보를 남길 수 있다는 특징을 가지고 있다. 반면, 시각이나 청각신호에 비해 시시각각 변화하는 심리상태를 실시간으로 전달할 수는 없다. 그러나 지문(Fingerprint)과 같이 각 개체는 특유의 체취, 즉 냄새의 지문(Odorprint)이 있어 많은 동물들은 시각이나 청각으로 멀리서 개체를 식별해도 최종적인 확인은 후각에 의해 이루어진다.

개는 후각이 매우 민감하여 화학물질의 검출감도는 사람의 100만 배 이상이라고도 한다. 마약탐지견이나 경찰견의 활약을 보아도 그 능력의 우수함은 우리들에게는 상상할 수 없을 정도이다. 냄새분자는 후상피(喉上皮)라는 후각계의 감각기에 있는 수용체에서 감지되는데 동물에게는 이 후상피 외에, 또 하나 서비기(鋤鼻器)라는 후각계 감각기가 존재한다(그림 7-4). 서비기는 비중격(鼻中隔)을 사이에 두고 양쪽의 구개골 배측(背側)의 비강저부에 위치한 세장한 관처럼 생긴 기관으로 문치(門齒)의 뒤에 개구하는 절치관(切齒管)을 통해 구강에 연결되어 있다. 서비기는 주로 페로몬분자의 정보를 감지하는데 사용되고 있는 것으로 생각된다. 개는 다른 많은 동물 종(말이나 고양이 등)에서 볼 수 있는 플레멘(Flehmen)이라는 특이한 행동은 보이지 않지만, 그 대신 혀를 넣었다 뺐다 함으로써 목적의 분자를 서비기에 운반하고 있는 것으로도 생각된다. 개의 서비기와 페로몬에 관한 연구는 아직 그다지 진전되지 않았다.

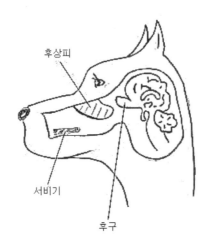

후상피

서비기

후구

그림 7-4 후상피와 서비기

개는 자신이나 다른 개체가 남긴 배설물에 어릴 때부터 흥미를 갖고 주의 깊게 냄새를 맡은 뒤 자신의 배설물로 덮는 경우가 있다. 배설물에는 그것을 남긴 개체의 정체성과 생물학적 정보를 알리기 위한 냄새신호가 포함되어 있다. 어떤 개의 세력권을 우연히 지나간 다른 개는 여기저기에 남겨진 냄새의 표지에 따라 세력권의 경계선 또는 세력권자가 마지막으로 이곳에 온 뒤 얼마나 지났는지 등을 알 수 있다. 늑대는 배설물의 냄새를 단서로 어떤 무리의 행동권의 경계선이나 그 영역에서의 존재밀도를 평가하고 있는 것으로 생각된다. 배설물에 의한 마킹에는 시각적인 과시가 동반되며 수컷에서는 앞에서 말했듯이 한쪽 다리를 들고 배뇨하는 경우가 많다. 또 배설 후 땅바닥을 긁는 행동이 보이는데 이때 발 안쪽에 있는 취선(臭腺)에서 분비물이 나와 후각신호도 남겨지는 듯하다.

오줌에는 많은 정보가 들어 있어 성적으로 성숙한 수캐는 암캐의 오줌 안에 포함된 페로몬 등의 휘발성 분자를 단서로 발정과 같은 번식단계에 관한 정보를 얻을 수 있다. 또 수컷의 오줌은 조금씩 분산되어 높고 눈에 띄는 장소에 수없이 남겨지기 때문에 그 개체의 활동범위까지 서로 전달할 수 있다. 늑대 무리에서는 모든 멤버가 지배지역의 냄새스폿(spot)을 알고 있고 어딘가에 낯선 개체의 마킹이 생긴 경우는 흥분하여 자신들의 오줌을 반복하여 덧뿌리는 행동이 보인다고 한다. 오줌마킹은 웅성호르몬(안드로겐)의 영향으로 증가하므로 집안에서 오줌마킹을 하는 수캐의 경우도 거세에 의해 반수정도는 개선이 되는 것으로 보고되어 있다.

개는 배변에도 흥미를 보이는데 배변을 이용한 후각 커뮤니케이션에 대해서는 잘 알려져 있지 않다. 늑대의 연구에서는 그들이 낯선 개체의 배변을 식별하고, 지배영역의 주변이나 다니는 길의 교차점과 같은 중요한 장소에서 출입금지 신호로서 배변이 남겨져 있다는 사실이 밝혀졌다. 단독으로 행동하는 늑대에서는 다니는 길을 피하여 보이지 않는 장소에 배변은 남기는 경향이 있다.

개가 다른 개에게 인사를 할 때 귀나 입, 서경부(鼠徑部), 항문음부 등의 냄새를 맡는다. 얼굴을 아는 개들끼리 오랜만에 만났을 때는 항문주위의 냄새를 오랜 시간에 걸쳐 서로 맡는 경우가 많다. 수컷끼리 접근한 경우는 우위의 개체 쪽이 꼬리를 올리고 열위인 개체에게 자신의 항문주위의 냄새를 맡게 한다. 동시에, 우위인 개체도 맡으려 하는 경우가 있으나 열위인 개체 쪽은 꼬리를 말고 항문을 숨겨 냄새를 맡지 않도록 하는 것이 전형적인 행동반응이다. 항문주위선의 분비물은 배변 내에 배출되는데 이 분비물에는 개체의 속성이나 특징 또는 사회적 지위 등에 관한 많은 정보가 숨겨져 있는 것으로 추측되고 있으나 상세는 여전히 불분명하다.

개가 때때로 다른 개체의 배설물이나 부패물, 오물 등의 위에 드러누워 몸을 비비는 기묘한 행동이 보이는데 이 행동은 늑대에서도 알려져 있다. 이와 같이 냄새를 묻혀 무리에 돌아가면 동료들로부터 끊임없이 탐색되기 때문에 이것이 보수가 되는 것인지도 모르고, 다른 개체로부터 적대행동을 받을 가능성이 낮아지는 것인지도 모른다.

3) 청각을 통한 커뮤니케이션행동

짖기나 포효 등 개의 음성을 이용한 커뮤니케이션은 장거리에서의 정보전달에 특히 효과적인 방법이다(그림 7-5). 한편, 으르렁거리는 소리나 컹컹 짖는 소리도 다양한 상황에서 단거리 또는 중거리의 커뮤니케이션에 이용된다. 개의 짖는 방법은 상황에 따라 다르며 예를 들어 영역의식에 관련된 것, 공격적인 소리, 동료에게 경계를 촉진하는 소리 등 다양한 종류가 있는데 조금 익숙해지면 사람도 어느 정도의 식별이 가능하다. 영역의식에 관련된 소리는 개의 흥분레벨이나 침입자의 접근정도에 따라 짖는 법이 달라진다. 개는 주인과 사회적 관계를 구축하기 때문에 접근하는 개에게 하는 것과 마찬가지로 낯선 사람에게도 같은 반응을 보인다. 늑대의 포효는 수렵 전에 무리의 멤버를 모으기 위해서 또는 다른 늑대와의 사회적 접촉을 구하기 위해서로 생각되고 있으나 개의 경우도 개들 간의 장거리신호로서 짖는 개체의 정체성과 거주지에 관한 정보를 전달하는 것으로 생각된다.

개는 흥분했을 때 움직임을 차단할 수 있는 울타리에 대해 불만을 느끼거나 주인이나 동료로부터 남겨진 분리불안의 경우 등 불안상태일 때도 짖는 경우가 있고, 놀이를 할 때도 짖는다. 개는 다른 개과 동물에 비해 더 잘 짖는 경향이 있다. 일반적으로 개과 동물에서는 어린 동물일수록 짖는 빈도가 높기 때문에 침입자의 기운을 느끼면 잘 짖는다는 것은 사람에게는 편리한 형질로서 가축화의 과정에서 선발되어 온 유형성숙적인 특징일지도 모른다.

으르렁거리는 소리는 대부분의 경우, 공격적인 상황에서 발하는데 잡아당기거나 쫓아가는 등의 놀이 속에서도 일어날 수 있다. 놀이 중의 으르렁거리는 소리는 놀이를 유발하는 인사나 꼬리를 크게 흔드는 등 다른 놀이신호와 함께 발해지므로 그 의미를 아는 것은 그렇게 어렵지 않다. 컹컹 하고 우는 소리는 인사일 때, 불만일 때, 아픈 것을 경험하고 잇을 때, 복종적인 행동을 보일 때 등에 나타난다.

개는 우리들에게는 들리지 않는 개피리(犬笛)에 반응하는 것과 같은 초음파영역의 소리에도 감수성이 있다. 이러한 주파수영역의 소리를 어떻게 커뮤니케이션에 이용하고 있는지는 알려져 있지 않지만 설치류가 발하는 초음파를 듣고 있는 장소를 찾기 위한 것인지도 모른다.

그림 7-5 개의 포효 : 청각을 통한 커뮤니케이션

③ 고양이의 커뮤니케이션행동

1) 시각을 통한 커뮤니케이션행동

그림 7-6, 그림 7-7에 나타냈듯이 개의 경우와 마찬가지로 공격성과 공포의 정도가 다양한 비율로 섞이면서 그때의 기분을 나타내도록 귀나 꼬리의 위치, 몸 전체의 자세, 얼굴 표정 등으로 된 커뮤니케이션신호가 연속적으로 형태를 만들어간다. 단, 고양이는 사회적 집단 속에서 조화를 유지하는 것을 중시하여 생활하고 있는 것이 아니므로 개와 같은 사교적인 동물과는 자세에 따른 커뮤니케이션의 의미가 다소 다를 것이다. 예를 들어, 복종의

자세는 적대적인 상황에 놓인 데다, 도망칠 수 없는 경우 상대의 공격성을 조금이라도 억제하는 것이 주된 역할이며 도망칠 수 있을 때까지 웅크리고 가만히 기다리고 있을 것이다.

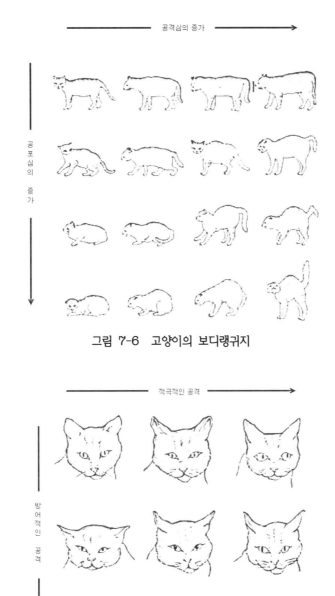

그림 7-6　고양이의 보디랭귀지

그림 7-7　고양이의 표정변화

고양이가 다른 고양이에게 능동적으로 접근할 때는 꼬리를 수직으로 올리는데 친한 상대에게 접근하거나 새끼고양이가 어미에게 접근할 때는 꼬리를 더 꼿꼿이 세운다. 이 자세는 원래 어미고양이가 새끼고양이의 항문음부를 핥을 때의 반응에서 온 것일지도 모른다. 우호적인 고양이는 몸을 쓰다듬어줬을 때, 그 부위를 누르면서 접촉해오기 때문에 꼬리의 뿌리부분을 쓰다듬으면 뒷다리를 늘어뜨리고 목을 쓰다듬으면 앞다리를 구부리고 머리를 돌린다. 고양이가 놀이를 유발할 때는 누워서 배를 보인다. 그 밖에 꼬리를 등 위로 활처럼 휘거나 역U자처럼 꼬리를 구부리는 자세는 상대와의 접근을 허용하여 거리를 좁히려고 하는 행동이다.

반대로 고양이가 상대방과의 사회적 접촉을 바라지 않을 때는 무언의 보디랭귀지가 다양하게 사용된다. 고양이 쪽은 상대를 위협하여 경고를 주지만 사람 등 다른 동물종에 있어서 그 신호를 알아차리기는 쉽지 않다. 위협에는 공격적인 위협과 방어적인 위협이 있다. 공격적인 위협은 수축된 눈동자에 의한 직접적인 아이콘택트, 앞으로 향한 수염, 똑바로 상대를 향한 자세 등 모두 공격을 걸어온다는 의지가 나타나 있다. 이 응시는 사회적인 거리를 조절하는 것에 사용된다. 꼬리 끝을 어색하게 앞뒤로 움직일 때는 고양이가 동요하거나 흥분해 있는 증거이다. 위협 시에는 털을 곤두세워 자신의 신체를 크게 보이려 하는데 상대에게는 갑자기 접근해온 것 같이 느끼게 하는 시각적 효과가 있다. 수컷고양이가 공격적인 위협을 하는 경우는 뒷다리와 등을 똑바로 펴고 신체를 사선으로 하고 입모(立毛)는 등에서 시작해 꼬리로 퍼지고 꼬리는 뿌리부분에서 조금 뒤쪽으로 똑바로 편 다음 갑자기 아래를 향해 꺾인다. 반면, 방어적인 위협의 경우는 상대에게 똑바로 향하지 않고 자신의 신체를 더 크고 위협적으로 보이기 하게 위해 털을 곤두세우면서 등을 둥글리고 옆을 향한다. 귀는 뒤로 눕혀 머리에 붙이고 입꼬리를 뒤로 당겨 이를 드러내고 수염은 머리 옆으로 끌어당겨 코에 주름을 만든다.

꼬리의 표정은 매우 풍부하다. 꼬리를 수직으로 세우고 털이 곤두서 있는 것은 위협의 신호로 놀이일 때는 등을 향해 활처럼 구부리고 털은 서 있다. 또 역U자형 꼬리는 부동적인 대결자세로 볼 수 있다.

2) 후각을 통한 커뮤니케이션행동

고양이는 입 주변, 턱, 귓구멍, 항문주위, 꼬리의 뿌리부분의 앞쪽 등에 잘 발달된 피지선이 있으며 그 분비물을 특정 개체나 물체, 친숙한 것이나 새로운 것에 문지른다. 돌출되어 있는 것이나 사람의 손에는 우선 코끝을 비빈 다음, 뺨을 문지르기 때문에 결과적으로 입 꼬리에서 눈꼬리를 향해 문지르게 된다. 높은 곳에 있는 것에 머리를 문지르는 경우도 있고 등과 꼬리를 문지르면서 가구를 빠져나가는 경우도 있다. 낮은 곳에 있는 것에는 턱에서 목을 문지른다. 이렇게 해서 고양이가 신체의 여러 가지 부분을 문지른 대상물에는 피지선에 포함된 냄새성분이 묻는 것이다. 주인에 대한 신체의 문지름은 마킹과 같은 의미도 있을 테지만 거리를 좁히기 위한 인사행동이라고도 해석된다.

고양이는 오줌을 마킹에 잘 사용하는데 거세하지 않은 수컷고양이에서 특히 그 경향이 강하다. 오줌을 스프레이 함에 따라 통상의 배뇨에 비해 더 넓은 범위에, 그리고 냄새를 맡는데 조금 더 편리한 높이에 오줌을 분사하는 것이다. 수컷고양이는 자신의 영역, 특히 지나는 길이나 교차점, 주변의 경계부근에서 오랜 시간을 보내며 세심하게 마킹한다. 오줌스프레이를 할 때 고양이는 허리를 낮추지 않고 똑바로 서서 수직으로 세운 꼬리를 가늘게 흔든다. 스프레이 된 오줌에는 다양한 정보가 들어 있어 그 지역에서의 고양이의 동정을 나타내며 번식기에는 수컷과 암컷이 만나기 위한 단서가 되기도 한다. 또한 새로운 장소에 대한 불안을 제거하여 공격적인 기분을 잠재우고 환경에 빨리 순응하는데 도움이 된다. 고양이는 개와 달리, 다른 개체가 남긴 오줌 위에 마킹하여 냄새를 은폐하는 일은 없다.

3) 청각을 통한 커뮤니케이션행동

울음소리에 의한 커뮤니케이션은 고양이들 간의 거리를 유지하기 위해 중요하며 기본적으로 비사회적 동물인 고양이들 간이 직접 만나는 것을 방지하고 있다. 고양이의 울음소리는 다양한데 입을 다문 채 발하는 중얼거리는 듯 한 울음소리(갸르릉갸르릉 목을 울리는 소리나 유혹하는 듯 한 외침 등), 처음에 입을 열고 거기서 서서히 다물어갈 때 내는 울음소리(요구나 불만을 나타내는 냐옹), 그리고 입을 연 채로 발하는 심한 정동을 나타내는 울음소리(으르렁거림, 샤-, 홋, 캬- 등)의 3가지 범주로 크게 나눌 수 있다.

복습
① 시각을 통한 커뮤니케이션. ② 청각을 통한 커뮤니케이션.
③ 후각을 통한 커뮤니케이션.

과제 7
① 개의 커뮤니케이션행동에 대해 정리해보자.
② 고양이의 커뮤니케이션행동에 대해 정리해보자.

chapter 8

동물의 학습원리

학습목표

① 동물이 새로운 행동양식을 배우는 원리를 이해한다.

② 훈련이나 문제행동에서 곤경에 처한 주인에게 동물의 학습 원리를 쉽게 알려준다.

③ 외래진료 시 동물에게 잘못된 행동을 학습시키지 않고 적절히 대응할 수 있게 된다.

1 서 론

우리들 인간을 포함하여 동물은 다종다양한 행동을 발현한다. 이러한 행동은 섭식행동이나 배설행동과 같이 태어나면서부터 유전적으로 프로그램 되어 있는 생득적 행동(본능행동)과 생후 학습에 의해 획득하는 습득적 행동(학습행동/획득행동)으로 나누어진다. 그러나 실제로 발현하는 행동에는 양자의 구성요소가 포함되어 있는 경우가 보통이다. 예를 들어, 막 태어난 아기가 어미의 젖을 빠는 행동은 순수한 생득적 행동이지만 5살 정도의 유아가 젓가락이나 스푼을 사용하여 밥을 먹는 경우 섭식행동자체는 생득적 행동이지만 젓가락을 사용하는 행동은 부모로부터 배운 습득적 행동이다. 즉, 개체가 성장함에 따라 생득적인 행동양식이라는 것은 획득된 반응에 따라 수식되거나 변화해가는 것이다. 또한 인간뿐 아니라, 모든 동물들은 성장과 함께 새로운 반응을 계속적으로 획득(학습)하여 오래된 반응을 잊어가는 것이다.

이 장에서 배우는 학습 원리는 기본적으로 종을 넘어 성립하는 것이지만 특정 반응에 대해서는 '적합·부적합'이라는 학습경향이 종과 개체에 따라 관찰되는 경우가 있다는 것을 알아두어야 한다. 이 장에서는 기본적인 학습 원리로서 순화, 고전적조건화, 조작적 조건화, 그리고 처벌에 대해 설명한다. 학습원리를 이용한 행동수정법에 대해서는 제11장에서 학습한다.

2   순화(길들임)

통상, 동물은 신기한 자극에 노출되면 놀라거나 불안해지는 것인데 이 자극이 고통이나 상해를 입히는 것이 아닌 경우는 반복노출됨으로써 점차 익숙해진다. 이 과정을 순화라고 하며 큰 소리에의 순화, 낯선 인간에의 순화, 자동차에 타는 것에의 순화 등이 구체적인 예이다. 일반적으로 약령기의 동물 쪽이 나이를 먹은 동물보다 순화하기 쉬운 것으로 알려져 있다.

순화를 응용한 행동수정법으로는 '홍수법', '계통적 탈감작법'을 들 수 있다.

3   고전적 조건화

무조건반응(반사반응)을 일으키는 무조건자극과 반응반응과는 무관계한 중립자극이 함께 반복하여 주어지면 곧 중립자극만으로도 반사반응을 일으키게 된다. 이것이 고전적 조건화로 이 상태에서의 중립자극을 조건자극, 또 반사반응을 조건반응이라 부른다. 이것은 '파블로프의 개'의 예에 대표되는 반응이나 러시아의 연구자인 파블로프는 개에게 벨소리를 들려주면서 먹이를 계속 제시하면 곧 먹이를 보여주지 않아도 벨소리만으로 개가 침을 흘린다는 것을 발견했다. 이 현상에서는 무조건자극이 먹이, 중립자극(조건자극)이 벨소리, 반사반응(조건반응)이 타액의 분비가 된다.

가까운 예로는 매일 같은 소리를 내고 먹이를 준비하고 있으면 소리를 듣는 것만으로 타액을 나오는 현상이나 주사를 놓을 때 항상 공포로 인해 맥박이 빨리 뛰거나 숨을 헐떡이는 개에게 주사용 실린지나 알코올 솜을 보여주는 것만으로 같은 반응이 일어나는 현상이나, 항상 같은 환경에서 교배를 시키면 그 환경을 재현하는 것만으로 암컷이 없어도 수캐가 성행동을 취하는 것 같은 현상 등을 들 수 있다(그림 8-1).

단, 조건자극이 무조건자극과 함께 주어지지 않으면 조건반응은 소실된다. 이 과정을 소거라고 부른다(소거에 대해서는 조작적 조건화의 항을 참조).

고전적 조건화는 자발적인 행동이라기보다 부수의적·반사적인 반응이 주로 관여하고 보수를 필요로 하지 않는다는 점에서 다음 항의 조작적 조건화와는 다르다.

그림 8-1　고전적조건화의 예

4 조작적 조건화

  동물은 특정한 자극상황에서 일어나는 반응(행동)에 이어서 보수가 주어지면 다시 같은 상황이 됐을 때 똑같은 행동을 취할 확률이 증가하게 된다. 이것을 조작적 조건화라고 부른다. 즉, 이 조작적 조건화에는 자극→반응→강화(보수)가 이어서 일어나는 것이 중요하다 (그림 8-2).

그림 8-2 조작적 조건화의 예

1) 강화

  동물의 반응을 강화할 때 주의해야 할 점을 이하에 나타냈다.

(1) 강화인자

  조작적 조건화에서는 보상을 가리키는 경우가 많다. 반려동물에게 조건화를 하는 경우는 강화인자로서 먹이, 칭찬, 쓰다듬기 등이 이용된다.

(2) 강화의 타이밍

  보다 빠르고 확실하게 조건화를 성립시키기 위해서는 반응과 동시에, 또는 직후에 강화가 이루어져야 한다.

(3) 강화의 정도

보통은 먹이와 같은 매력적인 보상이 유용하게 사용됨으로써 학습효과를 높여주는데 조건화를 하고자 하는 반응이 복잡하거나 가만히 기다려야 하는 경우에는 너무 매력적인 보상을 이용하면 동물이 흥분하여 역효과가 날 수 있으므로 주의해야 한다.

(4) 강화 스케줄

반응을 가르칠 때는 모든 반응에 대해 강화함으로써 빠르게 학습이 성립한다(연속강화스케줄). 반면, 한번조건화가 성립한 뒤는 강화의 빈도를 서서히 줄여서 부정기적인 강화로 변경해야 한다(부분강화스케줄). 이 방법에 의해 강화인자의 요구도(매력)가 유지된다.

(5) 플러스강화와 마이너스강화

강화인자의 제시에 따라 반응이 일어날 가능성이 증가하는 조건화를 플러스강화(양성강화라고도 한다)라 하는 반면, 반응 후 혐오적인 강화인자가 제거됨에 따라 반응이 일어날 가능성이 증가하는 것을 마이너스강화(음성강화)라고 한다. 플러스강화로는 '앉아'라는 명령을 주고 개가 앉음과 동시에 간식을 주는 등의 예가 있다. 마이너스강화로는 무거운 우편배달원이 다가오는 것에 대해 짖음으로써(실제로는 배달을 마치고 돌아가는 것이라도) 떠나가는 예 등이 있다. 즉, 마이너스강화는 혐오적 상황이 없어지는 것을 개가 학습하는 것에 의한 것으로 동물의 반응 후에 (혐오적) 자극이 주어지는 처벌과는 완전히 다른 것이다(그림 8-3).

그림 8-3 **플러스강화와 마이너스강화의 차이**

(6) 2차적 강화인자

본래의 보상이 아닌, 본래의 보상과 함께 주어짐으로써 강화인자로 작용하는 2차적 보상을 가리킨다. 예를 들어, 간식을 이용하면서 개를 훈련할 때 동시에 칭찬을 해주면 곧 칭찬만으로도 2차적 강화인자로서 보상의 역할을 하게 되는 것이다.

2) 소거

동물의 행동레퍼토리에서 조건화 된 특정 행동반응을 소멸시키는 것을 말한다.

고전적 조건화에서도 조작적 조건화에서도 이용되는 전문용어인데 임상적으로는 조작적 조건화에서 특히 중요하다. 조작적 조건화에서 학습한 반응에 대해 전혀 강화가 주어지지 않으면 그 반응은 최종적으로 소멸된다. 여기서 주의해야 할 것은 조작적 조건화에 의한 학습이 소거되는 과정에서 때로 소거버스트라는 현상이 보인다는 것이다. 소거버스트란 지금까지 강화되어 온 반응이 갑자기 강화되지 않게 되었을 때, 한동안 그 반응이 더 빈번하게 보이는(burst) 것을 말한다. 단, 소거버스트는 일시적인 것으로 반응이 점차 감소하여 최종적으로는 소멸하게 된다.

예를 들어, 개가 식탁에서 '땡깡'을 부려 사람이 먹는 음식을 준 것이 보상이 되어 그것을 학습해 버렸다고 하자. 이 '땡깡'을 멈추게 하기 위해서는 주인이 이후 일절 '땡깡'에 대해 보상(음식)을 주지 않는 결의를 한 경우 이 행동은 최종적으로는 소거되지만 강화를 멈춘(음식을 주지 않은) 후 수일간은 지금까지 보다 더 심하게 필사적으로 '땡깡'을 부리게 된다. 이것이 소거버스트인데 주인에게 미리 이 정보를 정확히 전달해두지 않으면 주인은 자신의 처치가 잘못된 것이 아닐까 불안을 느낄 수도 있다.

3) 반응형성(점진적 조건화)

희망하는 반응패턴에 제대로 다가갈 수 있도록 적절한 타이밍에서 강화를 주어 동물에게 본래의 행동레퍼토리에는 없는 복잡한 반응을 서서히 훈련시키는 경우에 이용하는 방법. 예를 들어, 어질리티클래스(agility class)에서 개가 경험한 적 없는 시소를 통과시키는 훈련을 할 때 우선은 시소에 탄 시점에서 그 행동을 강화하고, 다음으로 그 위를 걷는 행동을 강화하고, 최종적으로 시소의 맞은편까지 걸어갈 수 있도록 단계를 밟아 훈련해가는 경우에 해당한다.

4) 자극일반화

특정 자극에 대해 어떤 반응이 조건화 된 뒤, 유사한 자극에 대해서도 동일한 반응이 일어나게 되는 것을 말한다. 예를 들어, 개가 문의 벨소리에 짖는 것을 학습한 경우 서서히 전화소리나 시계알람 등에 대해서도 짖게 되는 경우가 있다. 일반적으로 특정 자극에 대한 문제보다 자극일반화 된 문제 쪽이 치료가 어렵다.

5 처 벌

특정 반응이 재발할 가능성을 줄이기 위해 그 반응이 가장 클 때나 직후에 큰 소리로 혼내는 것과 같은 혐오자극을 주거나(플러스처벌), 좋아하는 간식과 같은 보수가 되는 자극(강화자극)을 배제하는 것(마이너스처벌)을 말한다(그림 8-4). 그림 8-5에 나타냈듯이 처벌은 혐오자극이 제거됨으로써 반응재발의 가능성이 증가하는 '마이너스강화'와는 전혀 다른 것임에 주의해야 한다.

처벌을 유용하게 이용하기 위해서는 적절한 타이밍, 적절한 강도 및 일관성이 필요하다. 즉, 동물이 바람직하지 않은 행동을 하는 도중이나 직후에 동물을 겁먹지 않도록 주의하면서, 충분히 혐오를 느낄 정도의 자극을 그 행동이 발현할 때마다 부여해야 한다. 이 중 하나라도 결여될 경우는 처벌의 효력이 격감하기 때문에 훈련사 등 전문가 이외의 일반 주인에게 있어서 처벌의 적용은 의외로 어렵다. 또한 처벌을 줌으로써 동물이 공포를 느끼고 공격적인 반응을 보이는 경우도 많고, 처벌을 준 사람을 피하게 될 가능성도 높기 때문에 특히 직접적인 처벌은 일반적으로 주인에게는 권하지 않는다. 어쩔 수 없이 처벌을 고려할 경우에도 단지 처벌을 주어 특정 반응을 억제할 뿐 아니라, 동시에 더 적절한 행동을 보이도록 유도하여 그 행동에 대해 보수를 줄 기회를 만드는 것이 바람직하다.

예를 들어, 개가 슬리퍼를 물어뜯고 있다면 "안 돼" 하고 혼내서 중단시키고, 직후에 장소를 옮겨 "앉아"를 명령해 그것에 따르면 칭찬해주면 좋다. 또한 처벌을 고려하기 이전에 바람직하지 않은 행동에 대한 동기부여를 줄이도록 노력할 필요가 있다. 예를 들어, 개나 고양이가 과도한 마운팅이나 마킹을 할 경우, 정소에서 유래되는 테스토스테론이 촉진요인이 되는 경우가 많으므로 처벌을 주기 전에 동물의 거세를 고려해야 한다.

또한 처벌은 동물에게 직접적으로 주는 직접처벌, 동물이 처벌을 주는 인간은 인식할 수 없도록 원격조작에 의해 주는 원격처벌, 인간과의 상호관계를 중단함으로써 주는 사회처벌로 크게 나누어진다.

그림 8-4 플러스처벌과 마이너스처벌

	부가 (十)	제거 (一)
보수자극	플러스강화 (보수부가→행동증가)	마이너스처벌 (보수제거→행동감소)
혐오자극	플러스처벌 (혐오부가→행동감소)	마이너스강화 (혐오제거→행동증가)

그림 8-5 강화와 처벌의 종류

복 습

① 순화란?
② 고전적 조건화란?
③ 조작적 조건화에 관한 용어와 그 의미.
④ 처벌을 유용하게 이용하기 위한 필요사항.

과제 8

① 고전적 조건화와 조작적 조건화의 차이점을 정리해보자.
② 플러스 조건화와 마이너스 조건화의 차이점을 정리해보자.
③ 소거버스트에 대해 설명해보자.
④ 처벌을 유용하게 이용하기 위해 필요한 사항을 3가지 적어보자.

chapter **9**

문제행동의 종류

미국에서의 조사에 따르면 반려동물인 개의 사인(死因) 중 1위는 안락사이고, 또 안락사가 되는 원인 중 1위는 문제행동으로 그 비율이 절반을 넘는다고 한다. 안타깝게도 일본에서는 아직 정확한 데이터가 없지만 아마도 일본의 경우 문제행동만이 원인이 되는 안락사는 그렇게 많지 않을 것으로 생각된다.

많은 미국인들이 일본인들과 마찬가지로 반려동물을 귀여워하기는 하지만 동물(특히 개)과 인간 사이에 명확한 경계선을 두고 있는 것 같았다. 개는 어디까지나 그들에게 종속되는 동물이지, 사람의 아이와는 전혀 다른 존재로 생각된다. 그에 반해, 일본인들은 어떨까? 이 책에서는 일본인이 형성해 온 동물관과 윤리관에 대해서는 언급하지 않지만 자신의 반려동물이 문제행동을 하더라도 대부분의 일본인들은 그것을 참고 동물의 수명이 다 할 때까지 지켜주지 않을까? 일반적으로 일본인은 인내가 강하고 수치를 밖으로 들어내기를 꺼려하는 민족이므로 만일 자신의 개가 달려들어 물거나 해도 그것을 용서하고 집안에서 배변을 아무 데나 해 놓는다 해도 그 사실을 숨기는 경우가 적지 않을 것이다. 이러한 일본인들의 감각은 안락사를 방지한다는 의미에서 언뜻 보기에는 적절한 것처럼 생각되지만 과연 그러할까?

1 문제행동이란?

문제행동이란 어떻게 정의되는 것일까? 안타깝게도 현시점에서는 동물행동학 전문가들 사이에서조차 통일된 정의가 존재하지 않는다. 이것은 동물의 행동이 나타내는 동기에 대해서 아직 충분히 이해되어 있지 않다는 것, 개체에 따라 행동이 나타내는 동기부여의 정도가 다르다는 것에 기인하는 지도 모른다. 미국의 동물행동학 전문의들은 문제행동을 '이상행동과 사회나 주인에게 불편을 주는 행동 또는 주인의 자산이나 동물자신을 손상시키는 행동'이나 '주인의 생활에 지장을 미치는 행동' 등으로 정의하고 있다. 어떻든 간에 치료될 수 있는 문제행동이란 주인에 의해 문제라고 인식되었을 때 비로소 '문제행동'이 되는 것임은 틀림이 없다.

일반적으로 인정되고 있는 문제행동은 이하의 3가지로 크게 나눌 수 있다. 첫째, 동물이 본래 가지고 있는 행동양식(repertory)을 일탈하는 경우로 그 대부분은 이상행동의 범주에 들어간다. 궤양이 생길 때까지 발끝을 계속 핥는 상시장애나 환각적인 행동이 예로 들어지며 이들은 언뜻 보기에 정상행동이 아니라고 판단할 수 있는 경우가 많다. 둘째, 동물이 본래 가지고 있는 행동양식의 범주에 있으면서도 그 많고 적음이 정상을 일탈하는 경우로 성행동이나 섭식행동 등에서 많이 볼 수 있다. 두 행동 모두 너무 많아도 너무 적어도 문제가 되는 것이다. 셋째, 그 많고 적음이 정상을 일탈하지 않더라도 인간사회와 협조되지 않는 경우이다.

안타깝게도 세 번째 범주로 분류되는 문제행동은 실로 많다. 예를 들어 낯선 사람이 부지내에 들어오면 경계를 나타내어 짖는 것이 개에게는 지극히 당연한 일이다. 이것은 개가 본래 가지고 있는 행동양식으로 침입자가 떠날 때까지 계속 짖는다 해도 그 정도는 정상이라고 해야 한다. 그러나 이웃에 사는 사람들에게는 우편배달부나 신문배달부가 올 때마다 듣게 되는 포효는 견딜 수 없는 것이 될 수 있다. 따라서 이 개의 행동은 정상이라고 이해되면서도 문제행동(경계포효, 쓸데없이 짖기)이라 불리게 된다. 동물이 생득적으로 가지고 있는 행동을 문제행동으로 정의하는 것은 또는 인간의 에고이즘(egoism)일지도 모른다. 그러나 동물이 주인과 보다 끈끈한 정으로 연결되어 안락사 되지 않고 행복하게 수명을 다하기 위해서는 이것을 문제행동으로 인식하고 치료해야 할 필요가 있는 것은 분명하다.

행동치료는 본래 동물을 위한 것으로 본질적으로 외과치료나 내과치료와 다른 점이 없다. 동물의 복지향상을 목적으로 동물의 행동을 수정하는 것이다. 그러나 일반치료와 크게 다른 점이 하나 있다. 문제행동증례의 대부분에서 수의사 및 전문가는 동물과 대치하여 치료를 하는 것이 아니라, 주인의 의식이나 행동을 바꾸는 것을 통해 동물의 상황을 개선시키는 것이다. 주인과 깊은 관계를 맺고 사육현황을 객관적으로 이해해가면 실제로는 주인에 의해 만들어진 문제행동에도 수없이 만나게 된다. 그러나 동물이 그 주인의 보호 하에 있는 이상, 그들의 행복을 생각하는 데는 우선 주인을 만족시키지 않으면 안 된다. 이것이 행동치료 중에서 상담이 중요시되는 이유이다.

수의사 및 전문가에게 있어 동물의 행복은 항상 최우선해야 할 과제이며 그 중 하나가 동물의 행동을 본래 있는 그대로 수용해주는 것이라는 점도 인지해두지 않으면 안 된다. 그러나 막다른 길목에서 주인이 최종수단으로 안락사를 희망하는 경우는 동물이 가진 본래의 행동양식을 다소 변경해야 하는 경우도 있다. 이것이 주인을 통한 동물의 복지향상이라는 용어가 의미하는 부분이다. 물론 이것은 극단적인 이야기로 실제로는 주인에게 동물의 행동특성을 이해하게 함으로써 인간과 동물이 행복하게 살 수 있도록 도와주는 것이 행동치료의 기본방침이다. 비록 수명을 지켜주었다 하더라고 언제 물릴지 모르는 불안을 가지고 사는 주인이나 산책조차 제대로 데러가 주지 않고 밖에 묶여서 있는 개에게 행복이 있을 거라고 생각할 수 없기 때문이다.

2 개에게 보이는 주된 문제행동

1) 공격행동

- 우위성 공격행동(Dominance-related aggression) : 개가 자신의 사회적 순위를 위협받았다고 느낄 때 일어난다, 또는 그 순위를 과시하기 위해 보이는 공격행동.
- 영역성 공격행동(Territorial aggression) : 정원, 실내, 차 등 개가 자신의 세력권이라 인식하는 장소에 접근하는 개체에 대해 보이는 공격행동. 자신이 방어해야 한다고 인식하고 있는 대상에 접근하는 개체에 대해 보이는 방호성 공격행동(Protective aggression)을 이 범주에 포함시키는 경우도 있다.
- 공포성 공격행동(Fear-based aggression) : 공포나 불안의 행동학적·생리학적 징후를 동반하는 공격행동.
- 포식성 공격행동(Predatory aggression) : 주시, 침 흘리기, 몰래 다가가기, 낮은 자세 등의 포식행동에 잇따라 일어나는 공격행동으로 정동반응을 동반하지 않는 것이 특징.
- 동종간 공격행동(가정내)(Interdog aggression) : 가정 안에서 서로의 우열관계에 대한 인식의 결여 또는 부족에 의해 일어나는 개들 간의 공격행동.
- 동종간 공격행동(가정외)(Interdog aggression) : 가정 밖에서 위협이나 위해를 줄 의지가 없다고 생각되는 개에 대해 보이는 공격행동.
- 아픔에 의한 공격행동(Pain-induced aggression) : 아픔을 느낄 때 일어나는 공격행동.
- 특발성 공격행동(Idiopathic aggression) : 예측불능으로 원인을 알 수 없는 공격행동.

2) 공포/불안에 관련된 문제행동

- 분리불안(Separation anxiety) : 주인이 없을 때에만 보이는 쓸데없이 짖기 또는 멀리서 짖기, 파괴적 활동, 부적절한 배설과 같은 행동학적 불안징후나 구토, 설사, 떨림, 지성 피부염과 같은 생리학적 증상.
- 공포증(Phobia) : 천둥이나 큰 소리와 같은 특정 대상에 대해 일어나는 행동학적 및 생리학적 공포반응.
- 불안기질(Fearfulness) : 겁이 많아 사회생활에 문제가 생기는 기질.

3) 그 외의 문제행동

- 쓸데없이 짖기·과잉포효(Excessive barking) : 불필요하게 반복되는 포효.
- 파괴행동(Destructive behavior) : 이갈이, 놀이, 이기(異嗜), 분리불안 등과는 무관하게 보이는 파괴행동.
- 부적절한 배설(Inappropriate elimination) : 부적절한 장소에서의 배설.
- 관심을 구하는 행동(Attention-seeking behavior) : 주인의 관심을 사려는 행동. 실제 로는 상동적인 행동, 환각적인 행동, 의학적 질환의 징후 등이 보인다.
- 상동장애(Stereotypy) : 꼬리 쫓기, 꼬리 물기, 그림자 쫓기, 빛 쫓기, 실제로는 존재하지 않는 파리 쫓기, 허공 물기, 과도한 핥기 행동 등 이상빈도나 지속적으로 반복되는 협박 적 또는 환각적인 행동. 발끝이나 옆구리를 계속 핥으면 지성피부염(육아종)이 생기는 경우도 있다.
- 고령성 인지장애(Geriatric cognitive dysfunction) : 한밤중에 일어난다, 허공을 바라본다, 집안이나 마당에서 길을 잃는다, 용변을 가리지 못한다, 등 가령에 따라 일어나는 인지장애. 관절염, 시각장애, 청각장애, 체력저하, 반응지연 등과 같은 생리학적 변화를 동반하는 경우도 있다.
- 이기(Pica) : 배변이나 작은 돌 등 일반적으로 먹이라고 생각할 수 없는 물체를 즐겨 섭식하는 행동.
- 성행동과잉(Excessive sexual behavior) : 과잉된 성행동. 수컷에서의 과잉된 마운팅이 문제가 되는 경우가 많다.
- 성행동결여(Lack of sexual behavior) : 성충동의 결여나 불완전한 성행동 등이 특히 번식용 개에서 문제가 된다.

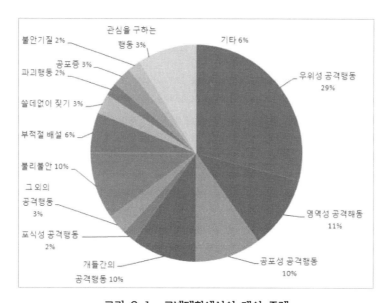

그림 9-1 코넬대학에서의 개의 증례

(1993~1997년의 688건의 증례, 총 1,090건의 진단에서)

3 고양이에게 보이는 주된 문제행동

1) 부적절한 배설

- 스프레이행동(Spraying) : 부적절한 장소에서의 스프레이(오줌에 의한 냄새마킹)행동.
- 부적절한 배설(Inappropriate elimination) : 부적절한 장소에서의 배설.

2) 공격행동

- 우위성 공격행동(Dominance-related aggression) : 고양이가 자신의 사회적 순위를 위협받았다고 느낄 때 일어난다, 또는 그 순위를 과시하기 위해 보이는 공격행동.
- 영역성 공격행동(Territorial aggression) : 고양이가 자신의 세력권이라 인식하는 장소에 접근하는 개체에 대해 보이는 공격행동.
- 공포성 공격행동(Fear-based aggression) : 공포나 불안의 행동학적·생리학적 징후를 동반하는 공격행동
- 전가성 공격행동(Redirected aggression) : 어떠한 유인에 의해 고양이의 각성도가 높아

져 있는(흥분되어 있는) 상황에서 일어나는 공격행동으로 유인과는 무관한 대상을 공격한다.

- 애무유발성 공격행동(Petting-evoked aggression) : 핥고 있는 중에 갑자기 유발되는 공격행동.
- 포식성 공격행동(Predatory aggression) : 주시, 침 흘리기, 몰래 다가가기, 낮은 자세 등의 포식행동에 잇따라 일어나는 공격행동으로 정동반응을 동반하지 않는 것이 특징.
- 놀이공격행동(Play-related aggression) : 놀이 중이나 그 전후에 보이는 공격행동.
- 아픔에 의한 공격행동(Pain-induced aggression) : 아픔을 느낄 때 일어나는 공격행동.
- 특발성 공격행동(Idiopathic aggression) : 예측불능으로 원인을 알 수 없는 공격행동.

3) 그 외의 문제행동

- 부적절한 발톱갈기행동(Inappropriate scratching) : 부적절한 대상에의 발톱갈기행동.
- 성행동과잉(Excessive sexual behavior) : 과잉된 성행동. 수컷에서의 과잉된 마운팅이 문제가 되는 경우가 많다.
- 성행동결여(Lack of sexual behavior) : 성충동의 결여나 불완전한 성행동 등이 특히 번식용 고양이에서 문제가 된다.
- 과잉증(Bulimia) : 과잉된 식욕에 의해 비만을 보이는 문제.
- 거식증(Anorexia) : 식욕의 저하 또는 폐절에 의해 삭수증상을 보이는 문제.
- 이기(Pica) : 배변이나 작은 돌 등 일반적으로 먹이라고 생각할 수 없는 물체를 즐겨 섭식하는 행동.
- 공포증(Phobia) : 천둥이나 큰 소리와 같은 특정 대상에 대해 일어나는 토피, 불안행동이나 떨림 등의 생리학적 증상.
- 불안기질(Fearfulness) : 겁이 많아 사회생활에 문제가 생기는 기질.
- 상동장애(Stereotypy) : 꼬리 쫓기, 꼬리 물기, 그림자 쫓기, 빛 쫓기, 과도한 핥기 행동 등, 이상빈도나 지속적으로 반복되는 협박적 또는 환각적인 행동. 발끝이나 옆구리를 계속 핥으면 지성피부염(육아종)이 생기는 경우도 있다.
- 고령성 인지장애(Geriatric cognitive dysfunction) : 한밤중에 일어난다, 허공을 바라본다, 집안이나 마당에서 길을 잃는다, 용변을 가리지 못한다, 등 가령에 따라 일어나는 인지장애. 관절염, 시각장애, 청각장애, 체력저하, 반응지연 등과 같은 생리학적 변화를 동반하는 경우도 있다.

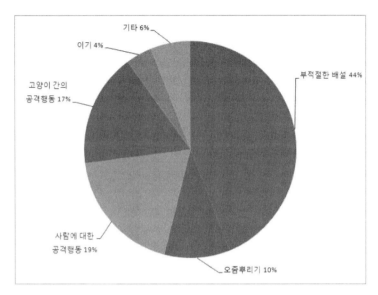

기타 6%
이기 4%
고양이 간의
공격행동 17%
부적절한 배설 44%
사람에 대한
공격행동 19%
오줌뿌리기 10%

그림 9-2 **코넬대학에서의 고양이의 증례** (1994~1998년의 308건의 증례에서)

Column 9-1

● 개의 선조 ●

　개가 인간의 옆에서 함께 생활하기 시작한 것은 1만년 이상 전의 일이다. 개는 가장 오래된 가축으로 그 선조는 늑대(*Canis Iupus*)라고 생각된다. 야생의 개과 동물에게는 38종이 있고 과거에는 자갈이나 코요테 등도 집개(*Canis familiaris* ; 기르는 개의 총칭)의 선조가 아닐까 생각되었다. 그러나 미토콘드리아 DNA의 변이를 조사한 연구와, 행동학적 또는 형태학적 연구의 축적으로부터 늑대와 개가 특별히 깊은 관계가 있다는 사실이 지적되었다. 세포질에 있는 미토콘드리아 DNA는 보통의 유전자와는 달리, 어미에서 자식으로만 전달되기 때문에 부모 간의 유전자의 재조합은 일어나지 않는다. 따라서 이 유전자의 변이를 거슬러 올라감으로써 다양한 동물종이 어느 정도 근연한 관계인가를 추측할 수 있다. 이러한 연구에서 개와 늑대의 미토콘드리아 DNA의 차이가 도베르만과 푸들의 차이보다 작다는 것이 지적되었다. 즉, 늑대를 견종 중 하나로 볼 수조차 있는 것이다.

　그럼, 늑대와 개는 어디가 다른 것일까? 많은 학자들이 뇌와 치아의 크기차이를 들고 있는데 어느 쪽도 개 쪽이 작다. 체중이 같은 개와 늑대를 비교해보면 개 쪽이 머리 크기가 20%정도 작고, 같은 크기의 머리를 비교해도 뇌의 용적은 개가 20%정도 작다고 한다. 즉, 개는 늑대에 비해 상당히 작은 뇌로 행동하고 있는 것이다. 야생에서 동물이 살아가기 위해서는 고도의 지각능력(경계심과 감수성)과 스트레스에 대한 신속한 반응성이 필요한데 Hemmer(1990)에 의하면 '가축화란 지각세계의 억제'이며 순종적이고 두려움을 모르는(인간을 잘 따르는) 성격이야말로 동물이 가축화되는 요인이었다. 어른이 되어도 아이의 특징이 남아 잇는 진화의 과정을 유형성숙(Neoteny)이라 하는데 주인을 잘 따르고 재롱을 부리는 개는 그 전형이다. 개는 재롱둥이인 채로 어른이 되지 못한 늑대인지도 모른다.

4   문제행동치료를 할 때의 주의점

앞에서 말했듯이 문제행동의 대부분의 증례에서 동물과 대치하여 치료하는 것이 아니라, 주인의 의식이나 행동을 변화시킴으로써 동물의 상황을 개선해야만 한다. 이것은 즉, 치료의 예후가 주인의 납득과 의지에 의존하는 것을 의미한다. 일상의 면담에서 느낄 수 있듯이 주인의 인간성은 실로 다양하다. 일상의 면담의 경우는 어떠한 주인이라도(동물이 공격적이라서 주인에게 맡겨둘 수 없는 경우는 있겠지만) 동물에게 치료를 하는 것은 가능하다. 그러나 행동치료에서 큰 부분을 차지하는 행동수정법을 치료에 적응하는 경우는 모든 과정을 주인이 담당해야 한다. 즉, 주인에게 충분한 의지가 없는 경우는 아무리 훌륭한 치료방법이라도 효과는 전혀 기대할 수 없다.

행동치료를 시도하려는 이에게 있어서 중요한 것은 다양한 치료방법을 숙지하고 있을 뿐 아니라, 주인의 인간성을 충분히 이해하여 그에 맞추어 상담을 하고, 또한 의지를 정확히 평가하여 상대가 납득이 가도록 치료방법을 설명할 수 있어야 한다. 헛수고로 끝날지도 모르는 이 시도를 개와 고양이를 위해 시험해보자는 것이 좋을 것이다.

이하에 문제행동을 치료해 가는데 각오해야 할 문제점을 들어보았다.

우선, 행동치료는 시간이 드는데 비해, 면담보상이 적다는 것을 들 수 있다. 미국에 비해, 일본인에게는 상담에 돈을 지불한다는 의식이 거의 없다. 즉, 주인에게 있어 자신의 개와 고양이의 문제에 대해 상담해주는 것은 지극히 당연한 일이며 담당수의사의 일의 일환으로 취급되기 때문에 잠깐의 상담에 돈을 지불하라고 할 줄은 꿈에도 몰랐다고 하는 것이 현실이다. 문제행동의 상담에는 최소 1시간이 필요한데 일상의 면담에 쫓기는 수의사들에게 과연 그만큼의 노력과 시간을 짜낼 수 있을지는 대단히 의문스럽다. 실제로 문제행동치료를 임상에 포함시킨 선생님들의 이야기를 들어보면 대부분의 경우 특정 시간을 행동치료서비스에 할당하고 있다고 한다. 뒤에 몇 명이나 줄을 이은 진찰실에서는 마음 편하게 상담 따위를 있을 수 없고, 소액이라도 금액을 지불하라고 하면 이 또한 이해받지 못하기 때문이다.

다음으로 큰 장애가 되는 것은 행동치료를 임상에 포함시킴으로써 주인과의 신뢰관계가 악화될 가능성이 있는 것이다. 수의사가 치료를 할 때는 그 예후가 주인의 심증을 좌우한다. 주인의 심증이야말로 수의사의 신뢰로 이어지는 것이며 수의사에게 있어 주인의 신뢰 없이는 일상의 면담을 계속해가는 것이 불가능하다. 수의사는 정확한 진단과 치료에 의해 절대적인 신뢰를 얻어가는 것은 틀림없지만 앞에서 말했듯이 행동치료의 예후는 주인의 능력에 따라 크게 좌우된다. 아무리 수의사의 솜씨가 좋아도 주인이 어떻게 하느냐에 따라 문제행동이 치유되지 않고 악화되는 일조차 있다. 그럼에도 불구하고, 주인이 자신의 잘못을 인정하기는커녕, 예후불량에 대한 책임을 수의사에게 덮어씌우는 일도 적지 않다. 이렇게 하여 잃어버린 신뢰관계가 다른 면담분야의 치료에 영향을 미칠 것은 쉽게 상상할 수 있다. 이와 같은 위험을 피하기 위해서는 정확한 진단과 치료능력뿐 아니라, 고도의 상담능력이 요구되는 것이다.

또한 문제가 되는 것은 일본의 행동치료학의 역사가 얕기 때문에 복잡한 증례가 생겼을 경우 상담하거나 소개처가 될 전문가가 적다는 것이다. 각종 문제행동의 근저에는 주인과 동물의 꼬여버린 관계가 숨어 있는 경우도 많아, 항상 단순명쾌한 치료방법을 도출할 수 있는 것이 아니다. 이러한 증례를 많이 안고 있다 보면 일상의 면담에 지장을 줄 것임을 쉽게 알 수 있다. 다른 면담분야에서 감당하지 못하는 증례를 대학병원이나 시설이 정비된 큰 병원으로 보내는 것과 마찬가지로 행동치료분야에서도 경험풍부하고 신뢰할 수 있는 소개처가 존재하면 안심하겠지만 그 수는 아직 많지 않다. 단, 행동치료를 전문으로 취급하고 있는 수의사가 점차 늘어가고 있는 실정이고, 전문가를 중심으로 한 연구회도 조직되고 있다.

Column 9-2

● 동물행동학을 일상의 면담에 응용해보자 ●

동물행동학은 일상의 수의임상과는 무관하게 생각되기 쉽지만 동물의 행동양식이나 반응법, 보디랭귀지 등을 알고 있으면 면담 시 도움이 되는 일이 적지 않다. 현실적으로 면담대에서 이를 드러내는 개를 목줄로 들어 올려 주사를 놓으면 물리지 않거나, 완전히 두드려서 얌전해진 뒤 조치를 하면 좋다는 등 수의사들의 경험을 바탕으로 한 과감한 대처방법이 존재하고 있지만 만일 이러한 방법으로 한 번은 제대로 써먹었다 하더라도 동물병원에서 이러한 처사를 받은 개가 다시 내원했을 때에도 똑같이 써먹을 수 있을지는 모르는 일이다. 오히려 상황이 악화되는 경우가 보통이다. 더욱이 그 애처로운 경험이 개의 성격을 꼬이게 하여 주인과의 관계에 금을 가게 하는 결과가 생길 가능성이 높다는 것을 인식해두지 않으면 안 된다. 이하에 4개의 장면을 예로 들어 동물행동학의 입장에서 생각되는 대처방법을 제시하였으므로 참고하기 바란다.

겁먹은 개나 고양이가 방문했다면…
〈겁먹은 동물의 대처방법〉

동물병원에서 동물이 공격적인 태도를 취하는 원인으로 가장 큰 것은 불안과 공포이다. 동물병원은 병원만의 특별한 냄새가 있고 이상한 소리도 들리고 낯선 사람과 동물이 가득 있는데다가, 옛날의 싫은 기억도 떠올리기 쉽다. 보통 겁먹은 동물은 병원에 들어오면 정지한 채 움직이지 않거나 도망가려고 한다. 귀를 뒤로 젖히고 웅크린 자세로 머리를 숙이고 개의 경우는 복종배뇨를 하기도 있다. 이러한 겁먹은 동물은 도망갈 수 없다는 것을 알면 매우 공격적으로 행동하는 경우가 있으므로 주의해야 한다. 공격은 최대의 방어라는 것을 알고 있기 때문이다. 이하에 그러한 경우의 대처방법을 정리하였다.

● 처벌을 피한다.
배려 없는 수의사는 공격적인 동물에게 처벌을 주어 복종시키려 하는 경우가 있으나 이 것은 겁먹은 동물의 불안과 공포를 증가시켜 문제를 크게 만든다.

● 달래지 않는다.
겁먹은 동물을 보면 달래려고 하는 것이 인정이다. 그러나 달래는 행위는 목소리나 그 방법이 동물을 칭찬하는 행위와 실로 비슷하다. 이렇게 하여 겁먹은 동물에게 겁먹어도 좋다는 잘못된 메시지를 전달하는 것이다.

● 신경을 분산시키는 행동을 취한다.
개의 경우라면 병원 안이나 진찰실 안에서 개가 알고 있는 명령(앉아, 엎드려, 손 등)을 하여 그것을 따르게 하면 겁먹은 마음을 분산시킬 수 있고 자신감도 가질 수 있다. 개가 명령을 잘 따르면 충분히 칭찬하고 보상의 간식을 주면 바람직한 행동이 강화된다. 고양이의 경우라면 진찰실 안에서 강아지풀을 사용하여 놀아주면 좋다. 물론 심하게 겁먹은 경우는 명령이나 강아지풀 따위에 반응하지 않을지도 모른다. 이러한 때는 가능한 무서워할 수 있는 자극을 주지 않도록 노력해야 한다.

● 무서워할 수 있는 자극을 주지 않는다.
동물병원에는 신기한 냄새, 수의사나 간호사가 입고 있는 가운, 다른 동물의 존재나 울음소리와 같은 무서운 자극요인이 많이 있다. 수의사는 이러한 자극을 작게 할 수 있을 것이다. 첫 대면의 동물을 만나는 수의사나 간호사는 동물의 눈을 직접 보거나 갑자기 손을 대거나 해서는 안 된다. 대신, 불안해하는 동물의 주시를 피하고 바닥에 무릎을 꿇거나 앉거나 하면 다가올지도 모른다. 단, 동물이 명확한 공격성을 보이고 있는 경우는 위험한 장소에 몸을 두어서는 안 된다. 또 흰 가운을 벗거나 처음 보는 청진기를 꺼내거나 하면 불안을 약화시킬 수 있을지도 모른다. 가능한 큰 진찰실을 사용하면 겁먹은 동물이 압박받는다고 느끼지 않을 것이다. 조용한 장소가 밖에 있으면 서클을 들고 나와 거기서 진찰하는 것도 효과적일지 모른다.

● 신경을 분산하거나 길항조건부여를 하기 위해 맛있는 간식을 이용한다.

맛있는 간식을 줌으로써 무섭다는 상황의 인식을 바꾸어 줄 수 있다.

● 동물에게서 주인을 떨어뜨린다.

불안이나 공포에 의해 공격성을 보이는 동물은 주인에게서 떨어뜨리면 얌전해지는 경우가 많다. 이것은 아마도 주인이 무서워하는 동물을 달램으로써 그 행동을 강화시키거나 주인이 사라짐으로써 공격적으로 행동할 자신이 사라지기 때문일 것이다. 동물에게서 주인을 떨어뜨리는 경우는 동물만을 진찰실에 데리고 가는 것이 아니라, 주인을 진찰실에서 나가게 하는 것이 좋다.

● 입마개를 착용한다.

동물병원에서 입마개는 유용한 도구이다. 실제로 많은 개들이 입마개를 함으로써 얌전해진다. 이것은 입마개가 채워진 부위의 압력에 의한 심리적인 효과에 의한 것일지도 모른다. 개가 과거에 구속됐을 때 물거나 으르렁거렸다면 입마개를 적용해야 한다. 개가 분명히 겁먹고 있는 경우에도 입마개의 적용을 고려하는 것이 좋다. 단, 약물에 의해 동물이 마취나 진정해야 할 상황에서 입마개를 대체로 사용해서는 안 된다.

● 약물에 의한 진정을 고려한다.

동물의 상태와 진찰내용에 따라서는 약물의 사용을 고려해야 한다. 단, 불안에 의해 공격성을 보이는 동물에 대해서는 불안의 억제해제에 따라 공격성이 증가할 우려가 있으므로 벤조디아제핀을 사용해서는 안 된다.

입원실에 들어가면 우리 안에서 공격성을 보이는 동물은 어떻게 하면 좋을까?
〈입원용 우리 안에서 공격성을 보이는 동물에의 대처법〉

입원용 우리에 들어갈 때는 상태가 나빠 얌전했던 동물도 건강을 조금 회복하면 우리에서 꺼낼 때 공격성을 보이는 경우가 많다. 의학적인 조치를 할 때 우리에서 꺼내야 하는 경우는 그때마다 수의사나 간호사가 공격을 받을 공포와 싸워야만 한다. 공격이 심한 경우는 치료가 불충분해지는 경우도 있다. 이러한 경우는 어떻게 하면 좋을까?

● 개의 경우

우리의 문을 등지고 서서히 접근하여 인간이 다가오는 공포를 줄여주자. 개가 위에 있는 단의 우리에 수용되어 있을 경우는 뒤를 돌아서 우리의 문에 다가가 본다. 문제가 없으면 문을 살짝 열고 개를 감싸듯이 들어 올려 이동하면 된다. 만일 개가 아래에 있는 단에 수용되어 있을 경우는 이번에도 역시 뒤를 돌아 접근하여 젠틀 리더와 같은 코에 거는 타입의 목줄을 준비하여 개가 문에서 나옴과 동시에 그것을 착용하도록 한다. 물론 입원실 문은 개가 뛰쳐나와 도망가지 않도록 닫아 두어야 한다.

● 고양이의 경우

우선 페로몬양 물질분무제(페리프렌드)를 시도해보자. 손가락이나 손바닥 뿐 아니라, 팔에도 분무해보면 좋다. 필요에 따라 할퀴거나 물거나 해도 상처를 입지 않는 옷을 입는다. 두꺼운 타월이나 모포를 고양이 위에 던져서 감싸 안아 우리에서 꺼내면 된다. 봉 같은 것을 우리에 넣어 고양이를 공격해 신경이 분산됐을 때 잡는 것도 좋다. 단지 이동용 우리로 이동시킬 뿐이라면 우리의 문 앞에 이동용 우리를 놓고 가볍게 자극해주면 스스로 이동할 것이다.

잠깐 자리를 비웠을 뿐인데 진찰실에 돌아오면 짖는다.
〈수의사나 간호사가 진찰실에 들어갈 때 영역성 공격행동을 보이는 동물에의 대처법〉

영역성 공격은 보통 동물의 세력권 내에 침입한 수상한 사람을 향하는 것이다. 개 쪽이 고양이보다 인간에 대한 이러한 영역성 공격을 하는 경향이 강하다. 본래 영역성 공격행동을 보이는 개의 자세는 자신감이 넘친다. 귀를 앞쪽으로 향하고 네 다리로 굳건히 서서 털을 곤두세우고 꼬리를 올리고 으르렁거리거나 짖거나 이를 드러낸다. 지키려고 하는 세력권을 확립하는 기간은 개에 따라서 크게 다르다. 잠깐 동안 진찰실이나 입원용 우리를 스스로 지켜야 할 세력권이라 인식해 버리는 개도 있다. 이러한 경우, 공격성의 근저에는 불안요소가 숨어 있는 경우가 많다.

만일 병원직원이 진찰실에 들어올 때 영역성 공격이 보인다면 주인에게 개를 진찰실 밖으로 데리고 나가도록 한다. 대기실에서 1~2분을 보낸 뒤, 다시 진찰실로 돌아오도록 한다. 이때, 진찰에 관련된 모든 직원이 진찰실에서 동물을 맞이해야 한다. 다른 방법으로는 직원이 주인이나 개와 함께 처치실이나 대기실을 걸어보는 것이다. 만일 개가 공격적이지 않고 편안해졌으면 직원이 목줄을 잡고 안정된 행동에 대해 보상의 간식을 주면 된다. 그 후 모두가 진찰실로 돌아가거나 반드시 직원이 주인이나 개보다 먼저 들어가도록 해야 한다.

입원한 개가 계속 울어서 곤란하다…
〈계속 울어대는 입원동물에의 대처법〉

끈질기게 울어대는 입원동물의 입을 막는 수의사가 적지 않을 것이다. 개가 소리를 내는 이유는 수 없이 많다. 관심을 구하는 행동, 불안, 아픔, 놀이, 공격, 사회적 커뮤니케이션, 반사적 포효, 경계포효 등등. 이 문제에 대처하기 위해서는 개가 울거나 짖거나 하는 동기를 파악하는 것이 중요하다. 포효는 종종 '옮기' 마련이기 때문에 선동하는 개와 동기를 빨리 파악하고 대처하지 않으면 안 된다. 각각의 동기에 대한 대처법은 개의 문제, 특히 '쓸데없이 짖기' 항을 참조하기 바란다.

이 칼럼은 북미수의사회에서의 Jacqueline C. Neilson씨(북미동물행동학전문의)의 강연 원고를 바탕으로 본인의 승락을 얻어 재구성한 것이다.

Column 9-3

● 문제행동진단치료학의 현황 ●

캘리포니아대학 데이비스교 수의교육병원(UC Davis VMTH)의 행동치료부문(Behavior service)을 예로 들면 하트 주임교수의 지도하에 전문의를 목표한 연수의가 완전예약제로 문제행동의 진단·치료를 실천하고 있다. 수의학부 학부생은 1학년 때 동물행동학 (General behavior)의 기초를 배우고, 3학년 때 임상과목으로서 행동치료학(Behavioral therapy)의 강의를 받는다. 공격행동이나 분리불안, 부적절한 배설과 같은 대표적인 문제 행동에 대해서는 우선 그러한 문제행동(이상행동과는 다르다는 것에 주의)의 존재를 인식 해두는 것이 중요하며 진단 및 치료법의 원칙에 대해 배워둘 필요가 있다. 전문의가 되지 않더라도 임상가에게 있어서 실제 면에서 크게 도움이 될 것으로 생각되기 때문이다.

그러나 일단 임상의 현장에 나와서 개개의 증례를 살펴보면 복잡한 가정 내의 인간관계 의 갈등이 배경에 있거나 대부분의 경우 교과서와 같이 단순하지 않다. 행동치료부문에서 는 주인 한사람, 한사람에게 때로는 1시간 이상의 시간을 들여 인터뷰하고 문제행동의 원 인을 찾아내려는 노력이 반복된다. 진찰 후 치료방침이 정해지는데 follow up도 장기에 걸 치므로 개개의 증례에 대해 두툼한 기록카드가 생기게 된다. 이러한 귀중한 데이터파일이 대학병원에 다수 보존되어 있는데 전문가나 연구자에게 있어서는 정보의 보물창고인 곳이 다.

최근에는 향중추약을 행동치료에 보조적으로 이용하는 약물요법이 주목을 받고 있다(칼 럼 11-5, 칼럼 11-6). 예를 들어, 뇌내 세로토닌신경계에 활성을 주는 약물(SSRI : 시냅스 전막에의 세로토닌 재흡수저해약 등)을 투여하여 분리불안에 대한 행동수정요법의 치료기 간을 단축한다는 방법이다. 3환계 항불안약인 염산크로미프라민을 이용한 시험에서는 통 상은 2~3개월이 걸리는 행동치료가 1개월 정도로 단축되었다는 보고도 있다. 단, 주의해 야 할 점은 이러한 약물사용이 어디까지나 보조적인 요법이지, 문제행동의 원인을 밝혀낸 다음의 행동치료가 동반되지 않으면 대증요법에 지나지 않는다는 것이다. 예를 들어, 충치 의 아픔이 진통약으로 잠깐 억제되었다 하더라도 문제는 조금도 해결되지 않은 것과 마찬 가지이다. 일본의 수의학계에서도 염산크로미프라민을 시작으로 다양한 향중추약의 사용 이 허가될 날이 멀지 않은 것으로 보이므로 임상가나 직원에 대해 문제행동과 그 진단치료 법에 관한 정보를 충분히 제공하는 것이 급선무라고 생각된다. 그러나 상기의 향중추약의 작용기서 하나를 보더라도 불명확한 점이 아직 많이 남아 있고, 적응증례의 판별기준 등에 있어서는 아직 연구가 이제 막 시작된 단계이다. 최근의 연구에서 뇌척수액 내의 모노아민 대사산물의 농도에 공격성과 관련된 변화가 보이거나, 도파민수용체나 세로토닌트랜스포 터를 코드하는 유전자와 기질의 관련이 지적되는 등 흥미로운 데이터가 잇따라 보고되고 있다(칼럼19, 칼럼20). 이러한 뇌싱견과학의 진전에서는 임상의 현장에서 문제행동의 진단 및 치료에도 도움이 될 수 있는 연구성과가 크게 기대되고 있는 바이다.

● 동물행동 상담사 ●

　　동물행동상담사는 동물행동상담을 수행할 수 있는 자격을 취득한 자로서 인간과 반려동물과의 상호작용을 이해하고 반려동물의 행동상담을 통해 동물보호자 가족과 반려동물의 올바른 관계성을 맺도록 도와주며, 인간과 반려동물의 삶의 질을 개선하는데 도움을 주며, 나아가 동물복지와 동물매개치료활동의 역할을 담당한다.

　　동물행동상담사 자격은 현재 '한국동물매개심리치료학회'에서 민간 자격으로 등록(직업능력개발원 자격증 등록번호 2013-1205)하여 년 2회 자격시험을 거쳐 발급이 이루어지고 있다.

　　동물행동상담사는 동물행동 교정을 담당하는 동물행동클리닉을 운영하거나, 애견까페 및 동물병원 등에서 동물의 문제행동 상담 및 행동 교정 방법을 보호자에게 컨설팅하고 행동치료를 담당할 수 있다.

한국동물매개심리치료학회

www.kaaap.org

570-749 전북 익산시 익산대로 460.

　　　원광대학교 동물자원개발연구센터(內 한국동물매개심리치료학회 사무국

　　　(063) 850-6089, 6668. E-mail: kaaap@daum.net

chapter 10

행동치료의 과정

1 행동치료의 흐름

　문제행동의 진단치료과정(그림 10-1)을 간단히 정리하면 우선 동물의 문제행동에 곤란해 하는 주인으로부터 연락이 온 시점에서 수의사가 중독도 및 긴급도를 판단하여 치료가 필요하다고 보이는 경우는 진찰예약을 넣음과 동시에, 동물에 관한 전반적인 정보와 문제행동의 개요를 사전에 알기 위한 진찰전 조사표(질문표 ; 권말자료를 참조)를 주인에게 보낸다. 담당수의사는 진찰일 이전에 주인에 의해 기입된 질문표를 바탕으로 진찰계획을 세워둔다. 진찰에는 주인과 동물뿐 아니라, 가능하면 문제에 관련된 주인의 가족들도 참가하도록 해야 한다. 진찰은 우선 주인에게 문제행동의 개요를 설명하는 것부터 시작한다. 그런 다음, 사전에 기입한 질문표를 바탕으로 문제행동의 배경이 되는 정보를 입수한다. 진찰 중 담당수의사는 동물의 모습과 함께 주인과 동물의 관계를 주의 깊게 관찰해야 한다. 동시에, 주인의 의지와 행동치료실시능력에 대해서도 정당히 평가해두어야 한다.

　모든 정보를 다각적으로 검토한 뒤, 담당수의사는 필요에 따라 의학적 검사를 실시하고 최종적인 진단을 내리게 된다. 그 후 주인의 능력에 맞는 치료계획을 설명한다. 진찰의 마지막에는 주인으로부터의 질문에 답하고, 필요에 따라서 주인이 실시해야 할 내용을 기입한 설명서를 건네도 좋다.

　진찰이후는 전화나 이메일 등을 이용하여 주인으로부터의 질문에 답하고, 치료의 진보상황을 판단하면서 치료내용의 변경이나 추가를 결정하게 된다. 이와 같이 기본적인 과정은 다른 면담분야와 동일하나 문제행동의 치료에는 마지막의 follow up에도 중점이 두어진다.

수의사에 의한 1번뿐인 설명으로는 충분히 이해하지 못한 주인도 있을 것이고, 진찰 중에는 이해했어도 실시하는 단계가 되면 여러 가지 의문들이 생겨나는 경우도 적지 않기 때문이다. 앞에서 말했듯이 행동치료의 예후는 주인의 의지에 의존하는 부분이 많으므로 follow up에 있어서는 주인이 납득할 때까지 시간을 들여 설명을 반복하지 않으면 안 된다. 이하에 각 과정에 대해 자세히 설명한다.

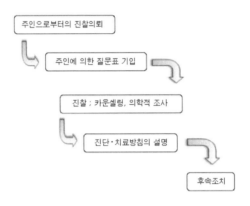

그림 10-1 문제행동치료의 흐름

2 질문표에 의한 진찰전 조사의 실시

1) 질문표의 내용

도쿄대학 Veterinary Medical Center에서의 진찰 시 사용하고 있는 질문표(권말에 첨부)는 미국 코넬대학 수의학부 동물행동치료과 K. A. Houpt 교수가 작성한 것을 양해를 얻어 번역하여 일본의 사육 상황에 비추어 수정한 것이다. 이 질문표는 주인이 가능한 한 객관적으로 기입할 수 있도록 많은 질문에 선택지를 둔 것이 특징이다.

개의 질문표는 전반적인 정보, 문제행동의 내용과 경과(Q1~8), 가정환경(Q9~13), 개의 경력(Q14~17), 먹이와 섭식행동(Q18~23), 생활습관(Q24~39), 복종훈련(Q40~49), 병력(Q50~51), 공격행동검진표, 주인의 내원동기와 치료에 대한 자세(Q52), 공격행동의 개요(Q53~63)의 11항목(9페이지)으로 되어 있다.

고양이의 질문표는 전반적인 정보, 문제행동의 내용과 경과(Q1~8), 가정환경(Q9~13),

고양이의 경력(Q14~17), 먹이와 섭식행동(Q18~22), 생활습관(Q23~25), 배설행동 (Q26~37), 사회적 행동(Q38~43), 성행동(Q44~46), 병력(Q47~48), 주인의 내원동기와 치료에 대한 자세(Q49)의 11항목으로 되어 있다.

2) 질문표를 사용하는 진찰의 장점과 단점

많은 행동치료전문클리닉에서 질문표가 사용되고 있으나 미국의 대학병원에서는 굳이 질문표를 사용하지 않는 곳도 존재한다. 질문표의 사용에 대해서는 장점과 단점이 존재하기 때문이다. 행동치료를 시도하려고 하는 수의사는 그 장점과 단점을 충분히 이해한 다음, 실제로 자신의 면담스타일을 생각하여 사용유무를 결정하는 것이 좋다.

우선 장점으로는 동물의 문제행동에 직면하여 어떻게 하면 좋을지 곤란해 하는 주인에게 알기 쉬운 질문표를 제시함으로써 진찰 시 필요한 사항을 정리하도록 하는 것이 가능하다. 또한 진찰을 하는 수의사에게 있어서도 최소한의 질문을 잊어버리지 않게 해주어 유용하다. 질문표에는 문제가 되는 행동뿐 아니라, 전반적인 정보가 기재되어 있어 주인이 인식하지 못한 새로운 문제나 문제의 배경이 되는 동기도 발견할 수 있다. 사전에 질문표를 회수하는 것이 가능하다면 수의사는 진찰 때까지 치료계획을 세워둘 수 있고, 진찰 시 교상(咬傷)사고 등의 위험을 미연에 방지하는 것도 가능하다. 또한 질문표를 사용함으로써 증례마다 균일한 정보를 입수할 수 있기 때문에 축적된 데이터를 바탕으로 다양한 조사나 분석을 하는 것이 가능하다.

반면, 단점은 우선 주인에게 여분의 수고가 든다는 것이다. 일반적인 주인들은 상담 뒤 즉각 해결을 바라며 무관해 보이는 정보를 일일이 질문표에 기재하는 일을 꺼리기 쉽다. 그러나 지금까지 설명했듯이 행동치료를 실제로 실시하는 것은 주인이며 주인의 협력 없이는 문제해결이 불가능하다. 바꿔 말하면, 질문표에 정확히 동물의 정보를 기재하는 것이 불가능하거나 그것을 귀찮게 생각하는 주인이라면 행동치료가 어렵다는 것도 쉽게 예상할 수 있다. 반복해서 말하지만 행동치료의 성공의 열쇠는 주인의 이해력과 의지에 있는 것이다. 물론, 수의사는 그것을 조력하고 쉬운 말로 설명하고 치료실시에 있어서 좌절하기 쉬운 주인을 계속해서 북돋워 줘야 함은 물론이다. 이와 같이 질문표를 주인의 이해력과 의지를 판단하기 위한 좋은 재료로 생각하면 단점은 그렇게 무리한 문제가 되지 않을지도 모른다.

또한 질문표를 사용하는 경우에는 진찰시간이 길어져 그 내용이 산만해질 가능성도 있다. 질문표에는 다양한 정보가 기재되어 있기 때문에 익숙하지 않은 수의사는 모든 내용을 주인과 확인하기를 원하거나 관계없는 사항에서 문제의 동기를 찾기 시작하기가 쉽다. 또 복수의 문제를 가진 동물의 주인에 대해 질문표를 바탕으로 상세히 문답 조사를 하려면 상당히 긴 진찰시간을 각오해야 한다. 매일을 행동진료에 충당할 수 있는 수의사라면 몰라도 다른 면담분야를 중심으로 담당하고 있는 수의사가 그것만을 위해 시간을 소비할 수 있을지는 의문이다.

앞에서 미국에는 질문표를 사용하지 않는 전문의도 있다고 말했는데 그러한 선생님들의 생각은 실로 명쾌하다. 주인, 그리고 수의사도 집중력이 지속되는 시간은 고작 2시간 정도이므로 그 범위 내에서 진찰을 끝내야 한다는 것이다. 그리고 행동치료의 궁극의 목적은 주인이 불만 없이 동물과 생활할 수 있고 동물과의 보다 좋은 관계를 구축하는 것이기 때문에 주인이 그 시점에서 곤란해 하는 문제에만 대처하면 된다는 것이다. 진찰 시에는 주인이 생각하고 있는 양호한 관계(치료의 목표지점)를 주인에게 확실히 인식시키고 수의사는 그것을 향해 치료를 시작하는 것이다.

이와 같이 질문표의 장점과 단점을 나열해보면 앞으로 행동치료를 해보려는 수의사들이 고민에 빠질지도 모르겠다. 필자로서는 행동치료를 전문으로 하는 수의사라면 질문표를 사용해야 한다고 생각하지만 전문으로 하지 않는 수의사라면 그 이용형태를 바꾸어보면 어떨까 한다. 질문표의 유용한 부분만을 사용하면 되는 것이다. 즉, 질문표를 주인에게 기재하게 하여 그 주인의 이해도와 의지를 추측하고 진찰 시의 위험을 피한다. 행동치료의 진찰에 익숙하지 않은 수의사는 이것을 사전에 파악함으로써 면담계획을 세워 진찰시간의 단축을 도모한다. 질문표를 사용함으로써 익숙하지 않은 수의사라도 중요한 사항을 잊어버릴 우려가 적어진다. 전문가와 같이 질문표에 따라 진찰을 진행하는 것이 아니라, 진찰 시에는 주인이 지금 곤란해 하는 점에만 초점을 맞추도록 노력하는 것이다. 질문표를 사용하면 전문가의 도움을 빌리는 경우나 전문가에게 소개하는 경우에도 주인의 부담을 줄일 수 있을 것이다.

3 진찰(consultation)

질문표의 이용유무와 상관없이 진찰은 행동치료에 빼놓을 수 없는 과정이다. 구미에는 이메일, 팩스, 전화 등에 의한 행동치료를 실시하고 있는 사람도 있지만 일반 주인에게는 자신의 개나 고양이에 대해 객관적인 평가를 하는 것이 곤란한 경우도 많으므로 동물의 상태나 주인과 동물의 관계를 직접 관찰할 수 있는 진찰기회를 생략해서는 안 된다. 특히 주인과 밀접한 관계가 있는 수의사가 불충분한 정보를 바탕으로 오진하는 일이라도 생긴다면 주인과의 신뢰관계는 실추되기 쉽기 때문이다.

진찰장소로는 동물병원의 진찰실이나 주인의 자택이 생각된다. 동물병원의 진찰실은 바쁜 수의사에게 있어 형편이 좋은 곳이지만 동물의 주인에게 있어서는 긴장을 강요받는 곳이므로 실제 문제행동이나 주인과의 일상관계를 관찰하기에는 부적절하다. 단, 의학적인 검사나 조치를 곧바로 할 수 있다는 장점이 있다. 문제행동을 진찰하는 장소로서 통상의 진찰을 이용하는 경우는 주인을 위해 편안히 할 수 있는 의자를 상비하거나 동물의 목줄을 풀어 방을 탐색할 수 있도록 위험한 것을 방치하지 않는 등의 대책이 필요하다. 또한 주인과 동물을 릴렉스시키기 위해 흰 가운을 벗는 것도 좋다. 상시 응급환자가 들어와 진찰실을 점유해버릴 우려가 있는 동물병원에서는 진찰실을 피하는 편이 무난할 것이다.

반면, 왕진하는 경우에 큰 문제가 되는 것은 수의사가 동물의 세력권 내에 침입해야 하는 것에 따른 위험성이다. 동물은 자신의 영역 내에 있을 때는 평소보다 자신감 있게 행동한다. 만일 동물의 문제가 공격행동이라면 수의사가 공격의 대상이 될 뿐 아니라, 공격이 격화될 가능성도 있으므로 충분히 주의해야 한다. 그래도 왕진은 실제 문제행동이나 주인과의 관계를 알기 위해서는 매력적인 방법이다. 문제가 심하여 주인이 감당하지 못하는 경우, 동물의 공포심이 강하여 내원이 어려운 경우는 왕진을 이용하거나 주인에 의해 촬영된 비디오영상 등으로 문제행동을 실제로 보면서 진찰하는 방법이 권장된다.

어떠한 진찰방법을 선택하든 가능한 많은 관계자, 즉 책임이 있는 주인뿐 아니라, 동물과 밀접하게 관련된 주인의 가족들도 참가하는 것이 바람직하다. 실제로는 동물을 돌보지 않는 할아버지나 할머니가 동물의 행동을 객관적으로 관찰하고 있는 경우도 있고, 아빠는 물리지 않았어도 엄마나 아이들만 피해를 입고 있을지 모르기 때문이다. 또한 이러한 진찰을 함으로써 수의사 자신이 각각의 가족구성원과 동물과의 관계를 객관적으로 평가하는 것이 가능하며 가족전원이 문제행동을 인식하기 때문에 서로 협력하여 치료를 실시할 수 있게 된다.

진찰 시 질문표를 이용하는 경우는 질문표에 따른 형태로 진행해간다. 질문표를 기재하지 않은 경우는 주인의 능력에 따라 쉽게 질문을 바꾸어 보아도 좋다. 만일 질문표를 이용하지 않는 경우라도 질문에 의해 모아두어야 할 최소한의 정보에 대해 이하에 나타냈다. 이들 정보는 질문표에 포함되어 있기는 하지만 중요한 사항이므로 질문표를 이용하는 경우라도 주인의 주의를 환기하는 목적으로 질문표의 내용을 다시 질문하여 확인하거나 질문표의 내용을 확인할 때 충분한 시간을 두어야 한다.

- 문제가 되는 동물의 연령, 성별, 품종, 병력 등과 같은 일반정보
- 진찰의 원인이 되는 문제행동의 개요(주요증상)와 주인이 희망하는 최종목표

- 진찰의 계기가 된 사건의 상세
- 문제행동을 일으키는 상황 ; 인간, 시간대, 환경요인 등
- 문제행동에 이어서 나타나는 행동
- 문제행동의 경과 ; 최초의 문제발생시기, 빈도, 정도의 변화 등
- 관련된 문제행동
- 마지막으로 (가장 최근에) 일어난 사건의 상세
- 문제행동이 나타나지 않는 경우의 상황

동물의 문제행동을 정확히 진단하기 위해서는 문제행동을 일으키는 동기를 정확히 파악할 필요가 있다. 이를 위해서는 문제행동이 발현하기 전후의 동물의 모습을 확실히 관찰하지 않으면 안 된다. 주인의 대부분이 물거나 짖거나 하는 소위 증상은 호소하지만 그 전후의 행동이나 동물이 보이는 보디랭귀지나 표정에는 무관심하다. 이러한 경우는 필요에 따라 진찰 시 실제로 문제행동을 발현시켜 수의사가 그 모습을 관찰하여 진단을 내리는 경우도 있다.

예를 들어, 아이들에게만 공격적인 개의 경우 진찰실에서 아이의 인형을 갑자기 보여줌으로써 공격행동을 유발하여 개의 귀, 꼬리, 입을 관찰하여 자신감 있는 적극적인 공격인지, 공포에서 오는 방어적 공격인지를 판단할 수 있다. 또 분리불안의 경우는 우선 주인을 진찰실에서 나가게 하고, 이어서 모든 사람들이 나감으로써 동물이 주인에게만 과도한 의존심을 가지고 있는지, 아니면 사람에 대해 의존심을 가지고 있는지를 판단할 수 있다. 이러한 방법은 다소 위험을 동반하지만 동시에, 실제 치료방법을 시도하는 것이 가능하므로 유용한 경우가 있다. 이하에 진단의 도움이 되는 동물의 자세와 표정의 변화에 대해 설명한다.

개의 보디랭귀지를 그림 10-2에 나타냈다. A가 보통상태이고 여기서 흥분도가 높아지면 꼬리가 올라가고 걸음이 가벼워진다(B). 놀고 싶을 때는 C와 같이 머리를 낮추고 엉덩이를 들어 꼬리를 흔들면서 상대의 주변을 뛰어다닌다. 상대의 순위가 높은 경우는 꼬리를 적게 흔들고 귀를 내리고(D) 서서히 엉덩이를 내리고 꼬리를 안으로 말게 된다(E). 반면, 흥분이 높아지고 공격하고자 하는 기분이 생기면 꼬리를 높이 세우고 으르렁거리는 소리를 낸다(F). 특히 등 부분의 털을 세워 신체를 상대방에게 크게 보이게 하며 꼬리를 가볍게 좌우로 흔드는 경우도 있다. 눈은 상대방을 응시하고 귀는 앞쪽을 향해 세운다. 이들은 스스로 자신감이 있을 때의 전형적인 공격자세로 여기에 공포심이 더해지면 서서히 귀를 내리고 중심을 엉덩이로 옮기면서 꼬리를 내리게 된다(G, H). 마지막으로 복종을 나타낼 때는 으르

렁거리지 않고 귀를 내리고 꼬리를 말고 몸을 바닥에 붙인 자세를 취한다(I). 전형적인 복종 자세는 귀를 내리고 꼬리를 말고 상대에게 자신의 배를 보이는 것이다(J).

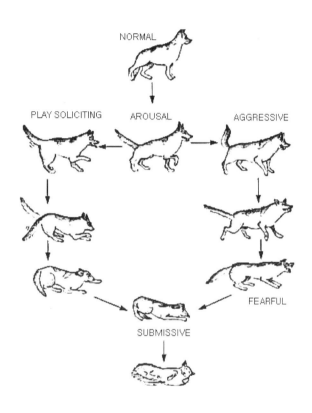

그림 10-2 개의 보디랭귀지(Fox, 1972에서 수정)

　특히 공격행동에 대해서 진단할 때는 표정에도 주의해야 한다(그림 10-3). 보통의 상태(오른쪽 맨 위)에서 공격심이 증가하면 으르렁거리면서 입을 벌리고 입술을 들어 올려 앞니에서 송곳니를 상대방에게 보여준다. 귀는 똑바로 세우고 앞쪽을 향한다. 여기에 공포심이 들어가면 귀를 서서히 내리고 귀 끝을 뒤로 끌어당긴 형태로 어금니까지 보이도록 입을 벌린다. 이들 정보를 가진 것만으로도 공격행동의 원인이나 가족 안에서의 순위를 어느 정도 추측할 수 있다. 단, 복종 자세에 대해서는 다소 주의가 필요하다. 자신이 우위라고 느끼면서도 주인에게 배를 쓰다듬도록 그에 가까운 자세를 취하는 경우가 있기 때문이다. 이때, 복종 자세라고 오해하고 안심하고 쓰다듬으면 갑자기 무는 경우가 있다. 일반적으로 개의 공격행동은 '으르렁거린다, 짖는다' '무는 시늉을 한다(허공을 문다)' '문다'의 3단계로 되어 있는데 감정의 변화가 급속한 경우나 특발성 공격행동의 경우는 앞의 2단계가 생략되는 경우가 많으므로 이러한 정보도 진단에 도움이 될 것이다.

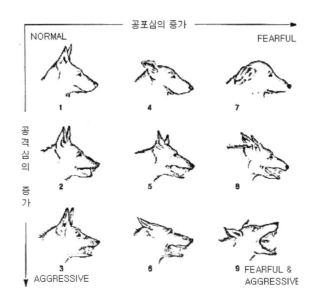

그림 10-3 개의 표정변화(Fox, 1972에서 수정)

고양이에서는 그림 10-4와 같이 보통의 상태(왼쪽 맨 위)에서 공포심이 증가함에 따라 서서히 웅크린다. 공격심이 증가하면 털을 세우고 일어나 등을 둥글게 하고 옆을 향하며 꼬리를 세우거나 역U자형으로 하여 위협한다. 표정에 주목하면 그림 10-5와 같이 보통의 상태에서 방어성이 높아질수록 귀를 내리고 동모(감각모, 수염)를 옆으로 뻗어 공격태세에 들어간다. 적극적인 공격으로 바뀌면 귀를 뒤로 향하고 동모를 앞으로 향한다. 어떤 경우든 공격전에는 동공이 커지는 경우가 많다.

고양이도 개와 마찬가지로 자신의 배를 보여주며 누워있는 경우가 있는데 이것이 복종을 나타내는 경우는 적고 대부분은 극단적인 방어자세거나 놀자고 하는 것이거나 발정시의 수컷을 유혹하는 자세이다.

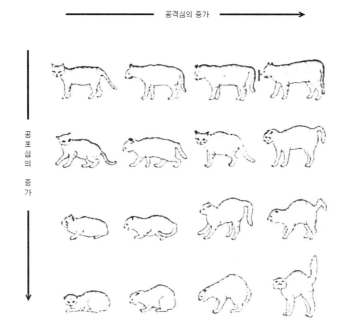

그림 10-4   **고양이의 보디랭귀지** (Leyhausen, 1975에서 수정)

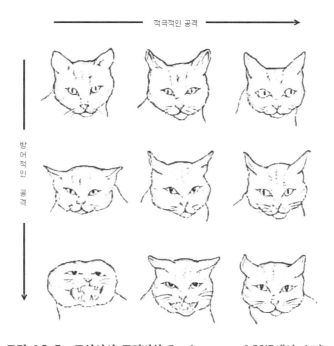

그림 10-5   **고양이의 표정변화** (Leyhausen, 1975에서 수정)

수의사들은 1시간 이상에 걸친 진찰시간 내에 동물의 행동, 주인과의 관계를 관찰하는 이외에 중요한 일을 해야 한다. 그것은 주인과의 대화를 통해 주인의 이해력과 의지를 정확히 평가하는 것이다. 앞에서 설명했듯이 행동치료의 중심은 주인의 실천력이기 때문이다. 수의사가 전달하고자 하는 것을 주인이 명확히 이해하고 치료법을 올바르게 실천할 때 비로소 행동치료의 효과가 나타난다. 수의사는 주인의 이해력을 평가함으로써 치료방침을 설명하기 위한 표현방법을 조정하거나 의지를 평가함으로써 치료방법의 난이도를 변화시키거나 치료방법을 분할하여 단계적으로 제시하는 등의 방안을 모색할 수 있을 것이다.

Column 10-1

● 미국의 행동전문의 인정제도 ●

미국에서는 4년제 수의학교육(일본의 대학원에 해당)을 마치고 자격을 취득한 수의사들 중에서 특히 행동치료학에 관심이 있는 사람들이 대학병원의 임상행동과 등에 재적하여 해에 1번 개최되는 전문의인정시험을 목표로 2년 이상에 걸쳐 주야로 연구를 축적하고 있다. 미국수의학회에는 충실한 전문의인정제도가 있는데 그 중 동물행동학은 가장 새로운 장르로 엄격한 수험자격을 만족하고 실지를 동반하는 시험에 무사합격하면 동물행동학 전문의로서 간판을 걸 수 있게 된다. 이 전문의제도를 지지하고 있는 것이 500명 정도의 회원을 가진 AVSAB(American veterinary society of animal behavior ; 미국수의동물행동학회)로 벤자민 하트 교수(캘리포니아대학), 캐서린 하우푸트 교수(코넬대학), 보니 비버 교수(텍사스대학)를 비롯한 8명의 선구적인 수의학자들이 Charter member가 되어 그들의 오랜 시간의 노력이 결실을 맺어 수의동물행동학이 정식으로 인지되었다. 최근의 사회적 요구의 확대를 반영하여 이러한 분야에 흥미를 가지고 전문의를 목표하는 수의사의 수도 꾸준히 증가하고 있다. 전미수의학회(AVMA)에서는 예년 행동치료학의 session에 2일이 통째로 주어져 분과회적으로 열린 AVSAB의 연차 총회와 합하면 연속 3일간에 걸쳐 아침부터 밤까지 임상동물행동학의 세계에 빠져있을 수 있다. AVMA에서의 소동물행동학의 교육강연(전문의들이 담당)에는 회장 내에서 가장 큰 홀이 할당되어 있으나 최근 수년은 수백명을 수용할 수 있는 홀이 거의 만석이 되어 이 분야에 대한 수의사들의 높은 관심을 엿볼 수 있었다.

4 의학적 조사

진찰을 마치면 유증감별에 필요한 의학적 검사를 실시한다. 문제행동의 종류에 따라서 그 내용이 달라지는데 필요에 따라 실시해야 할 검사를 이하에 나타냈다.

- 건강진단 ; 공격행동이나 쓸데없이 짖기 등은 아픔에 의해 발현되는 경우가 있으므로 일 반건강진단에 의해 아픔의 유무를 조사할 필요가 있다. 또한 털의 상태에 따라 내분비질 환을 추정하는 것이 가능한 경우도 있다(후술).

- 혈액성상(내분비검사를 포함) 검사 ; 일반혈액검사를 실시함으로써 내과질환에 의한 행 동변화를 감별할 수 있는 경우가 있다. 경우에 따라서는 혈액 중 호르몬농도를 측정하는 것이 좋다. 공격성의 상승에 관련된 내분비질환으로서 갑상선기능저하증이나 항진증, 부 신기능항진증 등이, 억울상태를 보이는 질환으로는 당뇨병, 상피소체기능항진증, 부신기 능항진증, 인슐린종 등이 있다. 간질발작을 보이는 경우가 있는 질환으로는 갑상선기능 저하증, 상피소체기능저하증·항진증, 부신기능저하증, 인슐린종 등이 보고되어 있다.

- 오줌검사 ; 부적절한 배설이 주요증상인 경우는 필수 검사이다. 뇨성상검사뿐 아니라, 요로계 질환의 검사도 함께 해야 한다.

- 배변검사 ; 이기(異嗜)가 심한 경우는 우선 기생충검사를 해야 한다. 부적절한 장소에서 의 배변이 보이며 배뇨장소에는 문제가 없는 경우는 배변검사와 더불어 소화기계 질환 검사도 함께 해야 한다.

- 피부검사 ; 지성피부염, 육아종이 보이는 경우는 우선 피부병에 관한 검사를 해야 한다.

- 중추(신경학적) 검사 ; 상시장애나 관심을 구하는 행동 등에서 동물이 선회운동이나 파행 을 보이는 경우도 있는데 이러한 증상이 있을 때는 일반신경학적 검사나 X선 검사, CT검 사, MRI검사 등에 의한 유증감별이 필요한 경우도 있다.

5 진 단

진단 전에 주인이 기재한 질문표, 진찰시의 정보, 의학적 검사결과를 종합적으로 판단하 여 진단을 내리게 된다. 그러나 이만큼의 정보를 가지고도 실제 문제행동을 보지 않은 수의 사는(진찰 중에 문제행동이 보였다 하더라도) 확정 진단을 내릴 수 없는 경우도 적지 않다.

이러한 경우는 임시진단을 가지고 치료를 진행할 수 있다. 어느 쪽이든 진단을 내리는 경우는 유증감별 해야 할 항목을 면담카드에 열거하여 주인에게 감별해야 할 점들을 설명하고 진찰 후의 정보제공을 요청할 필요가 있다.

6 치료방침의 설명

진단이 내려진 후에는 주인에게 진단명과 진단을 내린 근거를 명확히 전달하고 치료방침을 자세히 설명해야 한다. 행동치료 시에는 약물투여나 환경수정뿐 아니라, 행동수정법과 같이 주인이 평소 실천해야 할 점들이 많으므로 이 과정에도 충분한 시간을 할애할 필요가 있다. 기초프로그램의 방법(후술) 등은 구두설명이나 설명지만으로는 불충분하므로 주인과 개를 참가하도록 하여 실천해보는 편이 바람직하다. 이때, 보상의 간식에 대해 개가 알레르기 등이 있는지를 미리 주인에게 물어봐야 한다. 또한 그곳에서는 전부 이해한 것처럼 생각되어도 집으로 돌아가서 막상 해보려고 하면 기억이 잘 안 나는 경우가 적지 않다. 이것을 방지하기 위해 주인의 앞에서 치료방침을 기재한 설명서를 작성하여 복사본을 건네주는 것이 좋다. 이 설명서는 이후의 follow up에도 도움이 될 것이다. 또한 각각의 행동치료방법을 상세히 기재한 설명지를 주인에게 건넬 수 있으면 주인도 안심할 수 있을 것이다. 권말자료로서 도쿄대학에서 사용하고 있는 설문집을 첨부하였으므로 참고하기 바란다. 이 설문지는 체크방식으로 되어 있으므로 증례에 따라 수의사가 치료방법을 선택하여 주인에게 체크한 항목만 실천하도록 해도 좋다.

7 follow up

행동치료를 실제로 실시하는 것은 주인이므로 행동치료의 과정에서는 진찰후의 follow up이 반드시 필요하다. 연락수단으로는 편지, 전화, 팩스, 이메일 등이 생각되는데 다른 면담업무에 지장이 없도록 사전에 수단을 한정하는 편이 좋다. 일반적인 주인은 진찰 시 치료방침을 설명 받고 설명지를 가지고 돌아가도 막상 기초프로그램 등의 행동수정법을 실시할 때가 되면 잘 모르는 것이 많다는 것을 실감한다. 우선은 그 문제점을 해소하기 위해 진찰 종료 시 연락수단을 주인에게 전달해두어야 한다. 주인한테서 연락이 없는 경우라도 진찰 1주 후에는 행동치료법에 불분명한 점이 많은지, 문제는 없는지, 경과는 어떠한지 등을 물어보고, 행동치료법이 힘들어 절망하는 주인을 북돋는다는 의미에서도 담당수의사가 연락하는 것이 바람직하다.

동물수정법의 효과가 나타나기 위해서는 빨라도 몇 주간의 시간이 필요하므로 기본적으로 그 후는 주인의 질문에 대응하는 follow up으로 이어진다. 그러나 주인한테서 연락이 전혀 없는 경우는 진찰 4~6주 후 다시 담당수의사가 연락을 해서 경과나 현재 상황을 확인해야 한다. 진찰 시 주인이 원하는 목표점에 도달하지 못하는 경우나 다른 문제가 발생한 경우는 즉시 대응을 생각해야 한다.

follow up을 할 때 중요한 것은 조금이라도 좋으니 문제가 개선방향으로 흘러가고 있다는 것을 주인에게 실감하도록 하는 것이다. 주인들 중에는 진찰 시 세웠던 목표가 너무 크거나 다른 문제가 발생하여 행동수정법을 매일 실시하는 과정에서 그 진보상황을 인식하지 못하는 사람이 적지 않다. 이러한 주인에게 현황을 들으면서 동시에 이전 그 동물이 어떠한 상태였는지를 떠올리게 할 수 있으면 자신이 한 노력의 성과를 주인자신이 객관적으로 평가할 수 있게 된다. 많은 행동수정법은 단조롭고 귀찮은 일이며 매일 지속해야 한다. 또한 상처와는 달리, 하루의 치료효과를 실감하지 못하므로 치료방법에 쉽게 의문을 갖거나 마음이 약해져 멋대로 치료를 중지해버리기 쉽다. 이러한 문제를 막는 유일한 방법은 담당수의사에 의한 follow up 이라는 것을 수의사는 충분히 인식해두지 않으면 안 된다.

Column 10-2

● 개와 고양이는 어떻게 느끼고 있을까? ●

- 감각의 비교 -

동물행동학의 창시자라 불리는 콘라트 로렌츠의 명저 '길짐승, 날짐승, 물고기와 이야기를 하다(1949년 초판).'라는 일역 타이틀은 역자인 히다카 토시타카 박사에 의해 원저 6장의 표제를 인용하여 '솔로몬의 반지'가 되었다고 한다. 이 '솔로몬의 반지'에 관한 일화는 구약성서에 있는 "여러 왕 중의 한 명인 솔로몬은 박학다식하여 길짐승, 날짐승, 물고기에 대해서도 이야기하였다."라는 기술이 후세에 와서 "솔로몬 왕이 마법의 반지를 끼고 길짐승, 날짐승, 물고기와도 이야기를 하였다."라는 식으로 와전되어 전해져 내려왔다고 한다.

세월이 흘러 과학이 발전한 현대까지도 안타깝게도 아직 '솔로몬의 반지'는 발견도 개발도 되지 않았으니, 개와 고양이가 우리들 인간과 공유하고 있는 세계를 어떻게 느끼고 있는지를 직접 물어볼 수 없는 노릇이다. 현대에 그것을 알려고 한다면 그들 자신에게 언어 이외의 수단으로 답하게 하는 수밖에 없다. 많은 과학자들은 이를 위해서 2가지 방법을 이용해왔다. 하나는 해부학적 특징과 전기 생리학적 실험에 따라 능력을 추측하는 방법이다. 다른 하나는 개와 고양이에게 조작적조건화를 함으로써 실제로 그들의 능력을 아는 방법이다. 과거의 방대한 연구에 의해 현재 추측되고 있는 그들의 감각능력에 대해 이하에 정리하였으나 그 방법과 조건에 따라 값이 상당히 다르다. 역시 진실은 솔로몬의 반지 없이는 밝혀질 수 없는 것인가?

		사람	개	고양이
시각	시신경(개수)	12.0×10^5	1.5×10^5	1.2×10^5
	시각(도)	180	240~290	155~209
	시력(상대비)	1.0	0.2~0.4	0.1~0.3
	초점한계(cm)		>33~50	75
	조도감지(상대비)	1	1/3	1/8
			간세포 많음·휘판 있음	간세포 많음·휘판 있음
	색각(흡수nm)	440, 535, 565	439, 555	439, 555
청각	와우신경(개수)	30,000		40,000
	최저가청한계(Hz)	13~20	20~250	25~50
	최적가청영역(Hz)	1,000~4,000	200~15,000	1,000~20,000
	(옥타브)	8.5	8.5	>10.0
	최고가청한계(Hz)	16,000~20,000	26,000~100,000	100,000
후각	후상피면적(cm^2)	3~4	18~150	21
	후세포(개수)	5×10^6	220×10^6	
	후구세포(개수)	$5 \sim 20 \times 10^6$	280×10^6	67×10^6
	가후농도(M) (발레르산)	10^{-5}	10^{-16}	
미각	미뢰(개수)	9,000	1,706	(당은 감지하지 못함)

Column 10-3

● 페로몬에 의한 행동제어의 가능성 ●

페로몬을 이용한 화학적 정보통신(chemical communication)이 많은 동물들의 행동, 특히 구애행동이나 육아행동과 같은 생식행동의 발현과 그 제어에 중요한 역할을 하고 있다.

포유류뿐 아니라, 아메바조차 접합하여 유성생식을 하기 위해서는 개체 간의 화학적 신호의 교환이 반드시 필요하다. 생식에서의 화학적 정보통신의 중요성은 그야말로 진화의 과정을 통해 보존되어 왔다고 해도 좋을 것이다. 이러한 생식에 불가결한 정보담체인 페로몬분자의 수용·전달시스템을 서비계(鋤鼻系)라고 부른다. 냄새정보를 감수하여 전달하는 후각계와는 다른 독립된 시스템이다. 대부분의 포유류에서는 페로몬정보가 비중격(鼻中隔)의 복측에 있는 관상의 기관, 서비기(鋤鼻器)에 의해 수용되며 서비신경을 통해 주후구(主嗅球)의 배미측(背尾側)에 있는 부후구(副嗅球)에 전달된다. 그런 다음은 뉴런을 갈아타면서 정동반응이나 자율기능, 나아가 생득적(본능) 행동의 제어·통괄부위인 시상하부·대뇌변연으로 전달된다. 그 신경회로학적 특징에서도 페로몬의 작용이 동물의 행동이나 생리기능에 중대한 영향을 미칠 수 있다는 것은 쉽게 예측할 수 있다.

포유류에서 보이는 수컷의 세력권을 둘러싼 투쟁행동에서, 교미나 모성행동에 이르는 다양한 생식행동의 발현에는 페로몬에 의한 생식내분비기능의 수식이 특히 중요한 역할을 하는 것으로 생각된다. 예를 들어 수컷의 정소에서 분비되는 스테로이드호르몬(테스토스테론)의 기능에 따라 수컷의 체내에서 합성된 페로몬이 암컷의 서비기에 도달하여 뇌에 작용하면 암컷의 신경내분비계를 통해 이번에는 난소에서의 스테로이드호르몬(에스트로겐)의 분비를 촉진하는 것이다. 바꿔 말하면, 수컷의 호르몬이 페로몬을 경유하여 암컷의 호르몬 분비를 자극하는 것이다. 그리고 호르몬과 페로몬을 잇는 가교로서 뇌가 기능하고 있는 것이다.

최근의 연구에 따르면 페로몬은 생식행동뿐 아니라, 불안이나 분노와 같은 정동발현에도 관여한다는 사실이 시사되어 합성페로몬을 이용한 공격행동이나 친화행동의 제어의 가능성이 시사되고 있다. 예를 들어 고양이의 뺨에서 분비되는 안면페로몬이 공격행동이나 오줌분사행동을 억제하는 치료목적에 사용되기 시작하고 있다. 페로몬수용시스템인 서비신경계 투사경로가 보여주듯이 수용된 페로몬이 부후구를 거쳐 정동중추인 편도체에 직접 투사하는 것을 예상하면 이러한 응용도 앞으로 점차 넓어질 것으로 생각된다. 이후의 연구에 따라 페로몬의 본체와 생성기구 및 그 중추작용기서의 해명이 진전되면 지금까지 우리들이 알 수 없었던 동물들(인간을 포함)의 풍부한 화학적 정보통신의 세계를 알 수 있게 될지도 모른다.

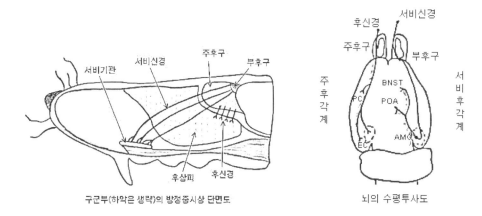

구군부(하악은 생략)의 방정중시상 단면도

뇌의 수평투사도

그림 10-6 랫(rat)에서의 2개의 후각계(주후각계와 서비후각계)의 모식도

chapter 11

행동치료의 기본적 수법

실제로 문제행동을 진단·치료할 때는 각각의 증례에 따른 방법을 생각해야 한다. 다양한 증례에서 공통적으로 적용되는 행동치료의 기초적 수법에는 행동수정법, 약물요법, 의학적 요법이 있다.

우리들 인간을 포함하여 동물은 다양한 행동을 발현한다. 이들 행동은 섭식행동이나 배설행동과 같이 천성적으로 가진 유전적으로 프로그램 되어 있는 생득적 행동(본능행동)과 생후의 학습에 의해 획득되는 습득적 행동(학습행동)으로 나누어 설명되는 경우가 많다. 그러나 실제로 발현하는 행동은 두 요소를 모두 가지고 있는 것이 보통이다. 예를 들어, 신생아가 모유를 먹는 행동은 순수한 생득적 행동이지만 젓가락을 사용하는 행동은 부모로부터 배운 습득적 행동이다. 즉, 개체가 성장함에 따라 생득적인 행동양식은 획득된 반응패턴에 의해 크게 수식되어 변화해가는 것이다. 성장에 따라 새로운 반응양식을 계속적으로 획득하는 과정이 바로 학습이다. 본장에서 배우는 학습 원리는 기본적으로 동물 종을 넘어 성립하는 것이지만 특정 반응에 대해서는 '적합·부적합'과 같은 종이나 개체에 따라 다른 학습경향이 관찰되는 경우가 있다는 점에 주의하자.

1 행동수정법

부적절한 동물의 행동을 바람직한 행동으로 변화시키는 수법으로 동물의 학습 원리에 기초하여 고안되어 있으며 행동치료의 중심이 된다. 대부분의 문제행동에 대해 유용한 방법이지만 실제로는 주인이 실시하는 것이므로 그 효과는 주인의 이해력과 실천력에 달려 있다. 따라서 행동수정법을 이용하는 수의사는 주인의 응낙성을 적절히 평가하면서 지시하고 필요에 따라 follow up 해야 한다. 이하에 행동수정법의 기초가 되는 학습 원리와 기본적인 행동수정법에 대해 설명한다.

1) 순화

일반적으로 동물은 신기한 자극을 받으면 놀라거나 불안해지는데 이 자극이 고통이나 상해를 주는 것이 아닌 경우는 반복하여 노출됨으로써 점차 익숙해진다. 이 과정을 순화라고 하며 큰 소리에의 순화, 낯선 인간에의 순화, 차에 타는 것에의 순화 등이 구체적인 예이다. 일반적으로 약령기의 동물 쪽이 고령 동물보다 순화하기 쉬운 것으로 알려져 있다.

순화를 응용한 행동수정법으로는 '홍수법'이나 '계통적 탈감작'이 있다.

홍수법(Flooding) : 동물이 반응을 일으키기에 충분한 강도의 자극을 동물이 그 반응을 일어나지 않게 될 때까지 반복하여 주는 행동수정법. 어린 동물의 경우나 공포의 정도가 약한 경우에 유용하다. 단, 해당 반응이 줄어들기 전에 자극에의 노출을 중지하거나 동물이 회피행동에 의해 자극에서 벗어나는 것을 학습해버리면 효과가 없을 뿐 아니라, 문제행동을 악화시킬 우려가 있다.

예를 들어, 차를 타면 토하거나 계속 짖어대는 개에 대해 무슨 일이 있든 최종적으로 어떠한 반응도 보이지 않을 때까지 계속해서 몇 번이고 차에 타우는 것을 말한다(그림 11-1). 이 경우도 새끼일 때 순화시키는 것이 용이하며 성숙한 동물에서는 반응이 격렬한 경우도 있어 순화가 어렵다.

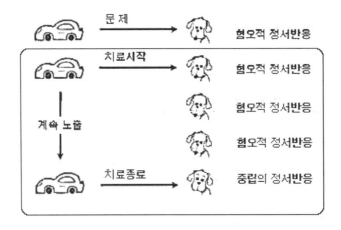

그림 11-1 홍수법

계통적 탈감작(Systematic desensitization) : 처음에는 동물이 반응을 일으키지 않을 정도의 약한 자극을 반복하여 주어 반응하지 않는다는 것을 확인하면서 단계적으로 자극의 정도를 높여가서 반응을 일으켰던 정도까지 자극을 높여도 반응이 일어나지 않도록 서서히 길들여가는 행동 수정법. 뒤에서 설명하는 '길항조건부여'와 함께 이용되는 경우가 많다. 특히 성숙한 동물에게 효과적이다.

위와 같은 예(차에 익숙하지 않은 개)의 경우, 치료시작 시점에서는 우선 시동을 걸지 않은 차에 개를 태운다. 이것을 몇 번 반복하여 개가 부적절한 반응을 보이지 않는 것을 확인한 다음, 다음 단계로 진행한다. 이번에는 개를 차에 태우고 시동을 걸어본다. 이것을 반복하여 부적절한 반응이 보이지 않는 것을 확인한 뒤 다음 단계로 진행한다. 다음은 집 주변을 한 바퀴 드라이브하여 순화하고, 점차 드라이브 거리를 늘려간다(그림 11-2). 이 수법을 이용할 때의 주의 점은 치료기간을 단축하려고 전 단계의 순화가 충분하지 않은데 다음 단계로 진행해서는 안 된다는 것이다. 만약 급한 마음에 치료를 진행하여 동물이 완전히 부적절한 반응을 보이게 되면 다시 처음 단계로 되돌아가야 하기 때문이다. 동물이 조금이라도 부적절한 반응의 징후가 보이면 반드시 전 단계로 되돌아가 충분한 순화를 시켜야 한다.

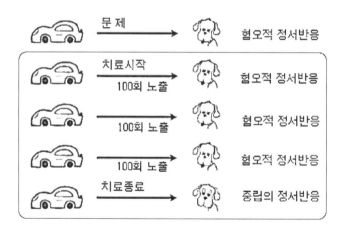

그림 11-2　계통적 탈감작

2) 고전적 조건화

무조건반응(반사반응)을 일으키는 무조건자극과 반사반응과는 무관한 중립자극이 함께 반복해서 주어지면 곧 중립자극만으로도 반사반응을 일으키게 된다. 이것이 고전적조건화인데 이 상태에서의 중립자극을 조건자극, 그리고 반사반응을 조건반응이라 부른다. 이것은 '파블로프의 개'의 예에 대표된다. 러시아의 연구자인 파블로프는 개에게 계속 종소리를 들려주면서 먹이를 주자, 곧 먹이를 없어도 벨소리만으로 개가 군침을 흘린다는 사실을 발견했다. 이 현상에서는 무조건자극이 먹이, 중립자극(조건자극)이 벨소리, 반사반응(조건 반응)이 타액의 분비가 된다. 우리들 주변의 예로는 주사를 놓을 때 항상 공포로 인해 맥박이 빨리 뛰거나 숨을 헐떡이는 개에게 주사용 실린지나 알코올 솜을 보여주는 것만으로 같은 반응이 일어나는 현상이나, 항상 같은 환경에서 교배를 시키면 그 환경을 재현하는 것만으로 암컷이 없어도 수캐가 성행동을 취하는 것 같은 현상 등이 있다.

단, 조건자극이 무조건자극과 함께 주어지지 않으면 조건반응은 소실된다. 이 과정을 소거라고 부른다(소거에 대해서는 조작적조건화의 항을 참조).

고전적 조건화는 자발적인 행동이라기보다 부수의적·반사적인 반응이 주로 관여하고 보상을 필요로 하지 않는다는 점에서 다음 항의 조작적조건화와는 다르다. 또한 고전적조건화는 부수의적·반사적인 반응을 기초로 하기 때문에 의도적으로 동물의 행동을 변화시키는 행동수정법에 응용하는 것이 어렵다.

3) 조작적 조건화(Operant conditioning)

동물은 특정한 자극상황에서 일어나는 반응(행동)에 이어서 보상이 주어지면 다시 같은 상황이 됐을 때 똑같은 행동을 취할 확률이 증가하게 된다. 이것을 조작적조건화라고 부른다. 즉, 이 조작적조건화에는 자극, 반응, 강화(보상)가 이어서 일어나는 것이 중요하다.

(1) 강화(Reinforcement)

동물의 반응을 강화할 때 주의해야 할 점을 이하에 나타냈다.

① 강화인자 : 조작적조건화에서는 보상을 가리키는 경우가 많다. 반려동물에게조건화를 하는 경우는 강화인자로서 먹이, 칭찬, 쓰다듬기 등이 이용된다.

② 강화의 타이밍 : 보다 빠르고 확실하게 조건화를 성립시키기 위해서는 반응과 동시에 강화가 이루어져야 한다.

③ 강화의 정도 : 보통은 먹이와 같은 매력적인 보상이 유용하게 사용됨으로써 학습효과를 높여주는데 조건화를 하고자 하는 반응이 복잡하거나 가만히 기다려야 하는 경우에는 너무 매력적인 보상을 이용하면 동물이 흥분하여 역효과가 날 수 있다.

④ 강화 스케줄 : 반응을 가르칠 때는 모든 반응에 대해 강화함으로써 빠르게 학습이 성립한다. 반면, 한번조건화가 성립한 뒤는 강화의 빈도를 서서히 줄여서 부정기적인 강화로 변경해야 한다. 이 방법에 의해 강화인자의 요구도(매력)가 유지된다.

⑤ 플러스강화와 마이너스강화 : 강화인자의 제시에 따라 반응이 일어날 가능성이 증가하

는 조건화를 플러스강화(양성강화라고도 한다)라 하는 반면, 반응 후 혐오적인 강화인
자가 제거됨에 따라 반응이 일어날 가능성이 증가하는 것을 마이너스강화(음성강화)라
고 한다. 플러스강화로는 '앉아'라는 명령을 주고 개가 앉음과 동시에 간식을 주는 등의
예가 있다. 마이너스강화로는 우편배달원이 다가오는 것에 대해 짖음으로써(실제로는
배달을 마치고 돌아가는 것이라도) 짖는 경향이 증가하는 등의 예가 있다.

⑥ 2차적 강화인자 : 본래의 보상이 아닌, 본래의 보상과 함께 주어짐으로써 강화인자로
작용하는 2차적 보상을 가리킨다. 예를 들어, 간식을 이용하면서 개를 훈련할 때 동시
에 칭찬을 해주면 곧 칭찬만으로도 보상의 역할을 하게 되는 것이다. 클리커 트레이닝
에서 이용되는 클리커의 소리도 2차적 강화인자 중 하나이다.

(2) 소거(Extinction)

동물의 행동레퍼토리에서 조건화 된 특정 행동반응을 소멸시키는 것을 말한다. 소거는
다른 반응을 새롭게 학습하는 것이며 망각이 아니라는 것에 주의해야 한다.

고전적 조건화에서도 조작적 조건화에서도 이용되는 전문용어인데 임상적으로는 조작적
조건화에서 특히 중요하다. 조작적 조건화에서 학습한 반응에 대해 전혀 강화가 주어지지
않으면 그 반응은 최종적으로 소멸된다. 여기서 주의해야 할 것은 조작적 조건화에 의한
학습이 소거되는 과정에서 때로 소거버스트라는 현상이 보인다는 것이다.

소거버스트란 지금까지 강화되어 온 반응이 갑자기 강화되지 않게 되었을 때, 한동안 그
반응이 더 빈번하게 보이는(burst) 것을 말한다. 단, 소거버스트는 일시적인 것으로 반응이
점차 감소하여 최종적으로는 소멸하게 된다. 예를 들어, 개가 식탁에서 '땡깡'을 부려 사람
이 먹는 음식을 준 것이 보상이 되어 그것을 학습해 버렸다고 하자. 이 '땡깡'을 멈추게 하
기 위해서는 주인이 이후 일절 '땡깡'에 대해 보상(음식)를 주지 않는 결의를 한 경우 이
행동은 최종적으로는 소거되지만 강화를 멈춘(음식을 주지 않은) 후 수일간은 지금까지 보
다 더 심하게 필사적으로 '땡깡'을 부리게 된다. 이것이 소거버스트인데 주인에게 미리 이
정보를 정확히 전달해두지 않으면 주인은 자신의 처치가 잘못된 것이 아닐까 불안을 느낄
수도 있다.

(3) 반응형성(점근조건부여)(Shaping, Successive approximation)

희망하는 반응패턴에 제대로 다가갈 수 있도록 적절한 타이밍에서 강화를 주어 동물에게
본래의 행동레퍼토리에는 없는 복잡한 반응을 서서히 훈련시키는 경우에 이용하는 방법.
예를 들어, 어질리티클래스(agility class)에서 개가 경험한 적 없는 시소를 통과시키는 훈

련을 할 때 우선은 시소에 탄 시점에서 그 행동을 강화하고, 다음으로 그 위를 걷는 행동을 강화하고, 최종적으로 시소의 맞은편까지 걸어갈 수 있도록 단계를 밟아 훈련해가는 경우에 해당한다.

(4) 자극일반화(Stimulus generalization)

특정 자극에 대해 어떤 반응이 조건화 된 뒤, 유사한 자극에 대해서도 동일한 반응이 일어나게 되는 것을 말한다. 예를 들어, 개가 문의 벨소리에 짖는 것을 학습한 경우 서서히 전화소리나 시계알람 등에 대해서도 짖게 되는 경우가 있다. 일반적으로 특정 자극에 대한 문제보다 자극일반화 된 문제 쪽이 치료가 어렵다.

지금까지 든 카테고리에는 직접 포함되지는 않지만 자주 이용되는 행동수정법으로 '길항조건부여'가 있다.

길항조건부여(Counter conditioning) : 자극에 대해 일어나는 바람직하지 않은 반응과는 양립하지 않는 반응을 하도록 조건화하는 행동수정법을 말한다. 순화의 항의 계통적 탈감작과 함께 특정 대상에 두려움을 보이는 동물의 행동수정에 이용되는 경우가 많다.

계통적 탈감작과 조합한 예에서는 빈 집을 지키게 하면 파괴행동이나 부적절한 장소에 배설을 하는 개에 대한 치료법을 들 수 있다(그림 11-3). 이와 같은 개는 빈 집을 지키게 하면 불안해지거나 혐오적인 감정이 발생하는 것인데 계통적 탈감작을 적용함으로써(서서히 집을 지키는 시간을 늘려간다) 이 혐오반응을 억제함과 함께, 길항조건부여를 적용하여 (예를 들어 집을 지킬 때마다 좋아하는 간식을 준다) 집을 지키는 것에 대해 기쁜 감정이 생겨나도록 하는 것이다.

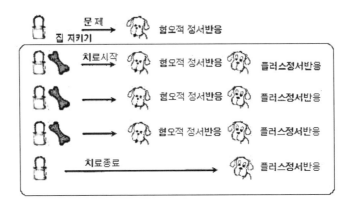

그림 11-3 계통적 탈감작과 길항조건부여

Column 11-1

● 기억과 학습 ●

동물들은 항상 외부환경의 다양한 자극에 노출되어 생활하고 있다. 시각이나 청각, 후각, 미각, 촉각 등의 감각기관을 통해 받아들이는 정보의 대부분은 순간(1초 이내)에 사라져 버리지만 그 중 극히 일부는 단기기억으로 몇 초간~몇 분간 저장되며 그 중 일부 정보는 수시간에서 때로는 평생 동안 저장되는 장기기억으로 변한다. 단기기억은 일시적인 것으로 용량에 제한이 있어 리허설을 반복하지 않으면 곧바로 사라져버리는데 비해, 장기기억은 영속성이 있고 용량에도 제한이 없으며 기억의 성립에 새로운 단백질합성이 필요하다는 등 단기 기억과는 그 성질과 기구에서 큰 차이가 있다고 알려져 있다.

컴퓨터의 기억시스템으로 말하면 단기기억은 전원을 끄면 사라져 버리는 워킹메모리 상의 일시보존정보와 같은 것이고, 그에 반해 장기기억은 하드디스크에 저장된 데이터일지도 모른다. 인간의 경우에는 문장이나 영상으로서 정보를 더 장기간동안, 세대를 넘어서 보존하는 것도 가능한데 이것이 소위 플로피디스크나 CD와 같은 외부기억매체에 해당한다. 기억에는 기명(정보의 등록), 보존(정보의 보관), 그리고 상기(정보의 읽어냄)의 각 단계가 있는데 mm/초 단위의 현상인 신경세포의 채널활동을 신경의 가소적 변화로서 몇 년 동안의 장기간에 걸쳐 축적하는 기억의 분자기구는 신경과학분야에 있어서 언제나 가장 중요하고 적극적인 연구과제 중 하나이다.

기억이나 학습은 동물이 보이는 거의 모든 행동에 큰 연관을 가지고 있다. 예를 들어, 자신의 둥지로 잘 찾아올 수 있는 것도, 무리의 동료들과 침입자를 구별할 수 있는 것도 기억능력이 있기 때문에 가능하다. 또한 어떠한 상황에서 특정 행동을 취한 결과, 쾌정동이 주어진 경우에는 그 상황이 기억되어 비슷한 상황에서 다시 똑같은 행동을 하기 쉬우며, 반대로 불쾌한 정동이 주어진 행동은 일어나기 어렵다. 이와 같이 기억은 행동의 동기부여에도 큰 영향을 준다. 반려동물이 보이는 문제행동에는 바람직하지 않은 기억형성이 배경이 되는 경우도 적지 않다. 즉, 학습된 문제행동이다. 따라서 행동수정요법에서는 학습이론을 응용하여 보다 바람직한 방향으로 새로운 기억형성을 심어주려는 접근이 기본이 된다. 행동수정요법에 보조적으로 이용되는 약물요법에서는 벤조디아제핀과 같이 학습저해(건망)작용을 가진 약물이 아닌, 기억형성에 악영향을 주지 않는 3환계 항불 안약과 같은 향중추약이 선택되는 것은 이 때문이다.

인간의 기억은 말로 설명할 수 있는 진술기억(여기에는 에피소드기억이나 의미기억 등이 있다)과 말로는 설명할 수 없는 비진술기억(조건반사나 다양한 기능적 스킬, priming효과 등이 있다)으로 크게 분류된다. 자전거를 탈 수 있을 때까지는 힘들어도 한 번 타는 방법을 몸에 익히면 몇 년이 지나도 바로 떠올릴 수 있는데 이것도 비진술적 장기기억 중 하나이다. 동물의 행동치료에서 문제가 되는 비진술기억은 주로 비연합학습(순화와 감작)과 연합학습(고전적 조건화와 조작적 조건화)에 의해 획득된다. 본장에서는 이 중 행동치료에 특히 관련이 깊은 항목을 설명한다.

Column 11-2

● 학습 원리의 신경생리학적 배경 ●

 동물이 무언가 새로운 행동을 학습할 때를 생각해보자. 우선, 그 행동을 일으키기 위한 동기부여가 필요하다. 행동의 결과로서 환경으로부터 어떠한 자극을 받아 뇌내의 생물학적 가치판단기구에 의해 그 자극이 보상 또는 처벌로 판단된다. 동시에 쾌정동 또는 불쾌정동으로 자율기능의 반응이 일어나, 이때의 상황이 기억됨에 따라 이후의 행동양식이 수식된다. 이것이 학습의 과정이다. 자극이 강하면 한 번의 경험으로 학습이 성립하는 경우도 있으나 보통은 몇 번의 경험을 반복함으로써 자극과 반응의 인과관계가 학습된다.

 이 동기부여에 관한 메커니즘으로서 뇌내 자기자극중추의 존재가 알려져 있다. 이것은 반세기 정도 전에 오즈 등에 의해 우연히 발견된 것으로 뇌내의 어느 부위에 전극을 집어넣어 페달을 밟으면 자극이 주어지도록 훈련된 쥐는 그 자극을 받기 위해서라면 어떠한 어려운 과제도 무릅쓸 정도로 강하게 동기부여 된다. 뇌내 자기자극중추는 사람을 포함하여 포유류에 공통되는 기구로 복측피개야(그림 11-4의 VTA)에 기점을 가진 도파민뉴런(A_{10}신경)의 주행과 거의 일치하는 부위에 위치하고 있다. 이 중추변연계 도파민시스템은 행동의 동기부여, 즉 '의지'와 깊은 관계가 있으며 보상으로서의 쾌정동의 발현에 깊은 관계가 있는 측좌핵(그림 11-4의 NA) 등도 그 시스템에 포함된다.

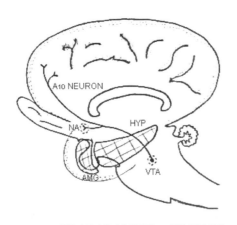

행동의 동기부여에 관련된 도파민뉴런의 주행

그림 11-4 행동의 동기부여에 관련된 도파민뉴런의 주행

 한편, 생물학적 가치판단기구의 중심은 편도체(그림 11-4의 AMG)이다. 편도체는 대뇌변연계의 일부로 기억을 담당하는 해마(그림 11-4의 HYP)의 선단부위에 위치하고 있다. 여기에는 모든 감각입력이 투사되어 동물이 받는 자극이 자신의 생존에 있어 유익한 것인지, 유해한 것인지를 순간적으로 판단한다. 즉, 정보에 대한 생물학적 가치매김이 이루어지는 것이다. 예를 들어, 어떤 자극에 대해 유해한 정보라는 판단이 내려지면 불쾌정동(공포, 분노, 불안 등)이 일어나 '투쟁이냐 도주냐(Fight or Flight)'라는 긴급반응이 일어남과 동시에, 그 상황은 혐오자극으로서 기억되는 것이다. 신경과학의 진전에 따라 편도체 내부의 복잡한 구조와 생물학적 가치판단기구의 관계가 상세히 해명되어가고 있다.

4) 처벌(Punishment)

특정 반응이 재발할 가능성을 줄이기 위해 그 반응이 가장 클 때나 직후에 혐오자극을 주거나 보상이 되는 자극(강화자극)을 배제하는 것을 말한다. 처벌은 혐오자극이 제거됨으로써 반응재발의 가능성이 증가하는 '마이너스강화'와는 전혀 다른 것임에 주의해야 한다.

처벌을 유용하게 이용하기 위해서는 적절한 타이밍, 적절한 강도 및 일관성이 필요하다. 즉, 동물이 바람직하지 않은 행동을 하는 도중이나 직후에 동물을 겁먹지 않도록 주의하면서, 충분히 혐오를 느낄 정도의 자극을 그 행동이 발현할 때마다 부여해야 한다. 이 중 하나라도 결여될 경우는 처벌의 효력이 격감하기 때문에 훈련사 등 전문가 이외의 일반 주인에게 있어서 처벌의 적용은 의외로 어렵다. 또한 처벌을 줌으로써 동물이 공포를 느끼고 공격적인 반응을 보이는 경우도 많고, 처벌을 준 사람을 피하게 될 가능성도 높기 때문에 특히 직접적인 처벌은 일반적으로 주인에게는 권하지 않는다. 어쩔 수 없이 처벌을 고려할 경우에도 단지 처벌을 주어 특정 반응을 억제할 뿐 아니라, 동시에 더 적절한 행동을 보이도록 유도하여 그 행동에 대해 보상을 줄 기회를 만드는 것이 바람직하다. 예를 들어, 개가 슬리퍼를 물어뜯고 있다면 "안 돼" 하고 혼내서 중단시키고, 직후에 장소를 옮겨 "앉아"를 명령해 그것에 따르면 칭찬해주면 좋다. 또한 처벌을 고려하기 이전에 바람직하지 않은 행동에 대한 동기부여를 줄이도록 노력할 필요가 있다. 예를 들어, 개나 고양이가 과도한 마운팅이나 마킹을 할 경우, 정소에서 유래되는 테스토스테론이 촉진요인이 되는 경우가 많으므로 처벌을 주기 전에 동물의 거세를 고려해야 한다.

처벌은 이하와 같이 동물에게 직접적으로 주는 직접처벌, 동물이 처벌을 주는 인간을 인식할 수 없도록 원격조작에 의해 주는 원격처벌, 인간과의 상호관계를 중단함으로써 주는 사회처벌로 크게 나누어진다.

(1) 직접처벌(Interactive punishment)

말로 '혼낸다, 때린다, 동물의 목덜미를 잡는다' 등 동물에게 직접적으로 가하는 처벌을 말한다.

이러한 종류의 처벌은 공격성을 악화시킬 가능성이 있으므로 물릴 염려가 없는 동물에게만 적용해야 한다. 또한 동물이 처벌을 주는 인간을 피하게 될지도 모른다는 것과 공포에 의한 문제행동이 더 악화될 가능성이 있다는 것을 염두에 두어야 한다.

(2) 원격처벌(Remote punishment)

짖음방지목걸이, 물대포, 전기사이렌, 뛰어오름 방지장치 등을 이용하여 동물이 처벌을 주는 인간을 인식하지 못하도록 원격조작에 의해 주는 처벌을 말한다.

이러한 종류의 처벌은 동물이 피할 수 있다는 우려가 있으나 동기부여가 강한 경우에는 그다지 유용하지 않다. 일반적으로 고양이의 문제행동에서 유용한 경우가 많다. 원격처벌을 적용하는 경우는 처음에는 동물이 일부러 문제행동을 일으키도록 하여 그때마다 처벌을 주도록 하면 좋다.

(3) 사회처벌(Social punishment)

무시나 타임아웃(개가 바람직하지 않은 행동을 보인 직후에 어둡고 좁은 방에 가두어 개가 짖는 동안에는 풀어주지 않는다) 등과 같이 인간과의 상호관계를 단절함으로써 주는 처벌을 말한다.

이러한 종류의 처벌은 인간과의 사회적 관계가 강력히 요구되는 개에게 특히 유용하나 개에게 과도한 애착을 가진 주인에게는 실행이 어려운 수법이다.

Column 11-3

● 정동에 관한 이론의 변천 ●

사전에서 '정동'이라는 단어를 찾아보면 '분노, 공포, 기쁨, 슬픔 등과 같이 비교적 급속히 일어난 일시적이고 급격한 감정의 움직임. 표정 외에 심박수, 호흡 등의 생리적 변화를 동반하는 과정'이라고 되어 있다. 이와 같이 정동에는 신체적인 반응인 정동표출의 측면과 의식에 이르는 감정 즉 정동체험의 측면이 있다. 놀라서 심장이 마구 뛰거나 긴장해서 손에 땀이 나는 것은 전자이고, 안색은 변하지 않아도 무섭다고 생각하거나 짜증난다고 느끼는 것이 후자의 측면이다. 따라서 동물의 정동을 논할 때는 관찰자인 인간이 동물이 보이는 정동표출의 객관적 지표를 정의하고 분석하는 것이 필요하다.

정동을 담당하는 뇌기구에 대해서는 옛 부터 신체적 반응이 감정에 선행하여 일어난다.

즉 슬프니까 우는 것이 아니라 우니까 슬퍼지는 것이다, 라는 설이 제창되던 시절이 있었
다. 20세기에 들어, 뇌에 관한 이해가 진전되어 신체적 반응이 없어도 감정이 생겨나거나
시상(감각정보를 정리·중계한다)이나 시상하부(자율기능을 조정하여 신체반응의 표출을
억제한다)와 같은 뇌영역의 중요성이 지적되기 시작했다. 곧 변연엽(limbic lobe)과 분류되
는 뇌영역(해마, 해마방회, 대상회피질)이 가설의 제창자의 이름을 따서 'Papez의 회로'라
불리며 정동을 담당하는 뇌신경기구의 중심으로 생각되었다. 이 가설은 완전한 것은 아니
었지만 그 후 MacLean은 Papez의 회로에 중격핵, 대뇌신피질, 그리고 가장 중요한 편도체
를 새롭게 첨부한 변연계(Limbic system)에 대한 개념을 발전시켜 정동제어계에 관한 이
해의 기초를 구축했다. 편도체의 역할에 대한 이해는 특히 공포정동경험의 기억을 담당하
는 뇌기구에 관한 일련의 연구에 의해 크게 진전되어, 예를 들어조건화 된 특정 소리 등
공포자극의 정보는 편도체에 전달됨으로써 자율신경계의 반응(심박이나 혈압의 상승)이나
신경내분비반응(스트레스호르몬의 분비), 정동행동반응(자지러지는 행동)이나 정동경험의
기억(상황적 공포조건부여) 등을 일으켜 정동반응 전체를 종합적으로 제어하고 있다는 사
실이 밝혀졌다.

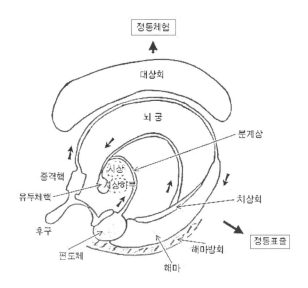

정동반응을 담당하는 대뇌변연계의 구조
(화살표는 정보의 흐름을 나타낸다)

그림 11-5 정동반응을 담당하는 대뇌변연계의 구조
(화살표는 정보의 흐름을 나타낸다)

5) 행동수정법의 기초가 되는 트레이닝

일반적인 개의 주인의 대부분은 동물은 키우기 시작했을 때 처음에는 복종훈련이나 재주를 가리키는데 열심이지만 개가 커질수록 열정도 식고 단지 일상의 보살핌이나 생활로 바뀌기 쉽다. 문제를 안고 있는 주인은 이러한 경향이 특히 강하여 개와의 관계가 틀어져 버리는 경우가 많다. 기초프로그램이라 불리는 트레이닝은 간단한 명령과 개가 좋아하는 간식(보상)을 이용하여 주인과 개의 관계를 재구축하려는 것으로 거의 모든 문제행동에 대한 치료 시 적용된다. 또한 수의사가 관여할 정도로 중독한 문제행동이 아닌 경우(예절부족 등)에도 유용한 방법이므로 미리 일반 주인들에게도 가르쳐 두는 것이 바람직하다.

권말에 도쿄대학에서 제작한 기초프로그램의 설명서를 첨부하였으므로 참조하기 바란다 (자료18~21).

6) 행동수정법을 돕는 도구

(1) 헤드 홀터

특수한 목걸이로 목줄(리드)을 당기면 뒤통수와 코에 압력이 가해지는 구조이다. 문제행동의 치료에 이것을 적용하는 경우는 실제로 주인의 앞에서 수의사가 문제가 되는 개에게 착용하여 보여주면서 그 방법과 사용법을 전달할 필요가 있다. 일반적으로 판매되고 있는 헤드 홀터는 목과 코 부분의 끈으로 되어 있다. 최근 일본에서도 쉽게 구할 수 있는 젠틀 리더®의 경우는 우선 목 부분의 끈부터 착용한다. 그림 11-6과 같이 목 부분의 끈이 흘러 내리지 않도록 손가락 1~2개가 들어갈 정도로 끈의 길이를 조절한다. 그리고 나서 일단 목 부분의 끈을 풀고 코부분의 끈을 코에 끼우고 목 부분의 끈을 고정한 뒤, 코부분의 끈의 길이가 개가 움직일 때 빠지지 않을 정도로 조절한다. 착용 후에는 옆에서 봤을 때 목 부분과 코부분의 끈이 90도 이하의 각도로 되어 있는지 확인한다. 이렇게 하여 끈의 길이를 개에게 맞추어 조절한 뒤, 실제로 주인에게 착용하는 연습을 시키는 것이 좋다. 헤드 홀터를 처음 착용하면 개가 싫어하면서 풀려고 하는 경우도 많으나 보상을 주면서 착용하거나 처음에는 산책 시에만 착용하거나 하면 비교적 단기간에 익숙해진다.

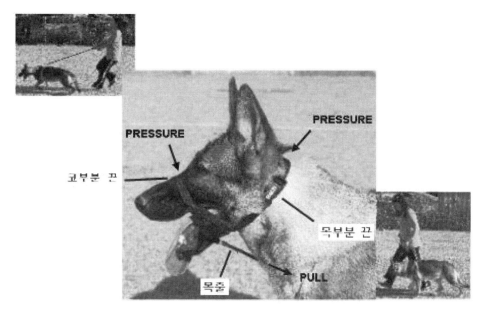

그림 11-6 헤드 홀터

(2) 입마개(basket muzzle)

개의 입부분을 완전히 덮어버리는 망. 보정 시 사용되는 입마개와 달리 입 꼬리 부분을 조이지 않으므로 착용한 채 간식 등의 보상을 이용한 트레이닝을 하는 것도 가능하다. 지금까지 한 번이라도 교상사고를 일으킨 적이 있는 개에게는 적용을 고려해야 한다.

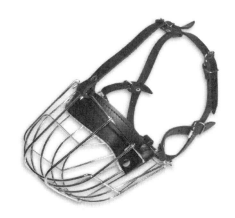

그림 11-7 입마개

(3) 짖음방지목걸이

개가 짖음과 동시에 소리나 진동을 감지하여 처벌을 주는 목걸이. 처벌로서는 전기쇼크 또는 개가 불쾌하게 느끼는 냄새(감귤계나 겨자 등)가 목걸이에 장착된 장치에서 분사된다. 기존에는 전기쇼크가 일반적이었으나 지금은 동물복지 면에서 스프레이형(citronella collar)이 권장되고 있다. 쓸데없이 짖을 때 유용한 경우가 많으나 단순한 대증요법인 이상, 점차 자극에 대해 순화되는 경우도 있으므로 짖는 원인을 특정하여 동기부여를 감소하는 행동수정법을 병용해야 한다.

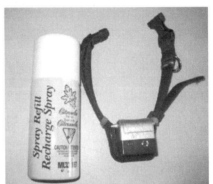

그림 11-8   전기자극에서 냄새자극으로

(4) 먹이를 넣은 타월이나 특별한 장난감

분리불안의 치료 시 사용된다. 분리불안의 증상은 주인이 외출 후 30분 이내에 발현되는 경우가 많으므로 이 시간대에 개가 주인의 외출을 잊어버리고 놀 수 있는 장난감이 유용하다. 타월의 이음매에 좋아하는 간식을 숨겨놓거나 땅콩버터를 바른 장난감, 둥글리면 조금씩 간식이 나오는 장난감 등이 좋다.

• 타월큐브® : 굴리면 안에서 간식이 나온다
• 콘® : 안에 녹은 치즈가 들어 있어 전자레인지에 가열하거나 반죽을 발라 넣는다.

그림 11-9   특별한 장난감

(5) 뛰어오름 방지장치

소파나 침대 위에 놓고 개나 고양이가 그 위에 올라오면 큰 소리가 나는 장치. 우위성 공격행동의 치료에서 개나 고양이에게 소파나 침대 위에 올라가는 것을 금지할 경우에도 이용된다.

그림 11-10 뛰어오름 방지장치

(6) 쥐잡기, 물대포, 전기사이렌, 동전을 넣은 깡통 등

모두 원격처벌로 이용되는 도구이다. 개나 고양이가 주인이 처벌하는 것이 아니라, 천벌을 받은 것으로 생각하도록 한다.

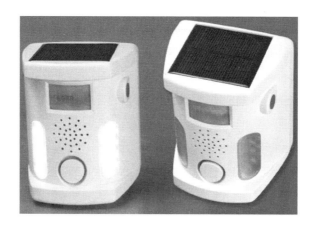

그림 11-11 원격처벌용 도구

(7) 페로몬양 물질분무제

고양이의 오줌분사행동에 대해 유용한 분무제로 익숙하지 않은 환경에 대한 고양이의 불안을 없애는 페로몬효과에 의해 분사행동이 감소된다(상표 ; 페리웨이). 실내에서 자주 분사되는 장소에 분무하여 사용한다. 익숙하지 않은 상대방(사람이든 고양이든)에 대한 고양이의 불안을 경감시키는 분무제(페리프렌드®)도 시판되어 있다. 예를 들어, 면담 시 공포성 공격행동을 보일 때면 담자의 손에 분무하면 고양이의 불안이 사그라진다.

그림 11-12 페로몬양 물질분무제

(8) 기피제

개나 고양이가 불쾌하게 느끼는 냄새나 맛이 나는 분무제나 크림 등으로 특히 파괴행동에 대해 적용한다(비타애플® 등). 전용의 것이 아니라도 식초나 타바스코, 인간용 구취예방제 등을 이용하는 것도 가능하다.

Column 11-4

● 젠틀 리더의 개발 ●

미네소타대학 수의학부 앤더슨(Anderson, R. K.) 명예교수가 훈련사협회의 포스터(Foster, R.) 회장 등과 개발한 젠틀 리더는 그 효과가 높게 평가되어 지금은 세계 각국에서 널리 사용되고 있다. 늑대의 사회적 행동 관찰에서 상위의 개체가 하위의 개체의 도전적 행동을 징계할 때 구문부(Muzzle)를 가볍게 물거나, 또 어미가 새끼를 타이를 때 목 뒤를 무는 행동에 힌트를 얻어 목줄을 당기면 코와 뒤통수에 압력이 가해지는 말의 두락(頭絡)과 같은 용구를 개발하였다. 야생동물의 행동연구가 응용에 활용된 예라고 할 수 있다.

젠틀 리더의 효과는 절대적이며 실제로 효과를 보고 놀라는 일이 적지 않다. 착용한 직후부터 명료한 행동변화가 보이는데 목걸이(choke collar) 등과의 결정적인 차이는 처벌이 아닌 강화인자를 이용하고 있다는 점이다. 예를 들어, 개가 주인을 무시하고 멋대로 다른 방향으로 가려고 하면 급소(코와 목덜미)에 압력이 걸리지만, 다시 주인 쪽으로 되돌아오면 압력이 풀어진다. 이것이 마이너스강화(Negative reinforcement)가 되기 때문에 학습효과가 우수한 훈련방법이다.

2 약물요법

약제나 호르몬제를 사용하여 문제행동을 해결해가는 방법이다. 단, 현재 약제투여만으로 문제행동이 완전히 해소되는 일은 없으며 거의 모든 증례에서 약물요법은 행동수정법을 보조하는 형태로 이용된다. 공격행동이나 상동장애, 분리불안과 같은 문제행동에는 뇌내에서 정보를 전달하는 세로토닌이나 노르아드레날린과 같은 신경전달물질의 이상이 관여하는 것으로 생각되므로 구미에서는 문제행동치료 시 이러한 신경전달물질의 기능을 조절하도록 작용하는 다양한 향중추약이 널리 이용되고 있다. 단, 2008년 12월 현재 일본에서 동물약으로서 인가되어 있는 문제행동의 치료보조약은 3환계 항불안약인 염산크로미프라민뿐이기 때문에 인체약을 전용하는 경우나 기존약물의 적용외 사용을 시도할 때는 반드시 주인의 동의서를 받도록 명심해야 한다. 프로게스테인과 같은 호르몬제는 예전에는 공격행동이나 과도한 성행동에 대해 처방되었으나 현재는 비만이나 유선·자궁질환 등의 다양한 부작용의 문제에서 사용빈도가 감소하고 있다.

문제행동에 대해 약물요법을 실시할 때는 확정적인 진단이 있어야 하며 3장에서 설명한 임시진단의 단계에서는 약물요법이 부적절하다. 약물요법을 고려하는 경우는

① 주인이 안락사를 생각하고 있다.
② 상동장애 등으로 동물의 자상(自傷)의 정도가 심하다.
③ 자극에 대한 동물의 반응이 너무 심하여 탈감작 등의 치료를 시작할 수 있다.
④ 천둥 등 동물에게 반응을 일으키는 자극의 발현시기의 예측과 컨트롤이 불가능하다.
⑤ 행동수정법에 실패했거나 개선의 가능성이 없다.

중 1항목 이상이 해당해야 한다.

권말(자료48~49)에 미국에서 행동전문의인 Neilson씨가 작성한 약물일람을 참고로 하여 작성한 표를 게재하였다. 거의 모든 약물이 적용외 사용이 된다는 것을 잊어서는 안 된다. 또한 프로프라노롤이나 베타네콜 등 일본에서 입수한 약물이라도 행동치료에 이용할 경우는 적용외 사용이 된다는 것에 유의해야 한다. 염산크로미프라민도 분리불안용으로서 인가된 약물이므로 그 이외의 행동치료에 이용하는 경우는 적용외 사용이 된다. 위의 항목에 해당하여 어쩔 수 없이 약물요법을 실시할 때는 일반건강진단, 혈액검사, 오줌검사, 심전도검사 등의 감사를 하여 동물의 건강상태에 이상이 없다는 것을 확인해둘 필요가 있다.

3 의학적 요법

문제행동치료 시에는 의학적 요법이 고려되는 경우도 많으며 그 중심은 수컷의 거세이다. 이하에 든 의학적 요법 중 거세·피임 이외의 것은 대증요법에 지나지 않으며 통상은 행동수정법의 보조로서 이용되는 정도이다.

(1) 거세(중성화 수술)

웅성호르몬인 테스토스테론이 원인이 되는 문제행동 중 어떤 것들은 거세에 의해 개선되는 경우가 있다. 개에서는 마킹, 마운팅, 방랑벽, 함께 사는 개에 대한 공격, 주인에 대한 공격에 대해 일정 효과가 기대되며, 고양이에 대해서는 방랑벽, 고양이 간의 싸움, 오줌분사에 대해 상당히 효과적이라는 것이 확인되었다(그림 11-13, 그림 11-14 참조).

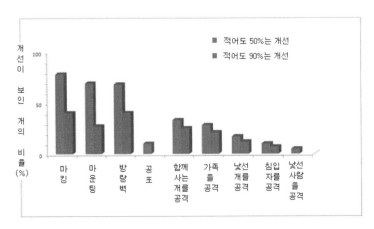

그림 11-13 개의 문제행동에 대한 거세의 효과 (Neilson et. al., 1997에서)

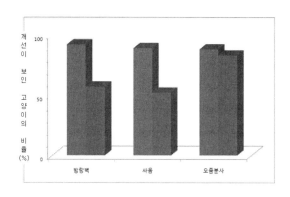

그림 11-14 고양이의 문제행동에 대한 거세의 효과(Hart et. al., 1973에서)

(2) 피임

고양이의 고도한 발정행동에 대한 치료 이외의 목적으로 피임이 문제행동의 치료에 이용되는 경우는 거의 없다. 최근에 실시된 조사에서 공격행동을 보이는 암캐를 피임함에 따라 공격성이 더 악화될 가능성이 보고되었으므로 이러한 종류의 문제행동을 가지고 있는 개의 피임에는 신중을 기해야 한다.

(3) 송곳니절단술

대형견은 살상능력이 높기 때문에 과거에 교상사고를 일으킨 경력이 있는 개에 대해서는 송곳니를 절단하는 수술이 필요한 경우가 있다.

(4) 성대제거술

쓸데없이 격렬히 짖어서 인근 주민들의 불만이 끊이지 않는 경우에 적용되는 일이 많다. 그러나 성대를 제거해도 짖는 행동이 사라지지 않는다는 점, 성대는 재생할 가능성이 있다는 점도 주인에게 충분히 설명해두어야 한다. 동물복지 차원에서도 쓸데없이 짖는 것에 대한 치료에 관해서는 문제가 있는 개의 짖는 원인을 찾아내 그 동기를 줄이는 행동수정법의 적용을 첫 번째 선택지로 해야 한다.

(5) 앞발톱제거술, 앞발힘줄절단술

고양이의 공격행동이나 부적절한 발톱갈기행동에 적용된다. 이들 수술에 의해서도 문제가 있는 고양이의 동기는 경감되지 않으므로 인간 측의 피해가 주는 경우는 있어도 문제행동이 억지되는 일은 없다. 동물복지 차원에서도 행동수정법이 우선되어야 하며 경우에 따라서는 발톱커버의 적용을 검토한다.

Column 11-5

● 행동치료에 이용되는 향중추약 ●

문제행동의 치료에 이용되는 약물의 종류는 아직까지 그렇게 많지는 않다. 배경에 불안이 있는 문제행동이 많다는 점도 있어 3환계 항울약이나 SSRI(선택적 세로토닌 재조합 저해약) 또는 모노아민산화효소(MAO) 저해약 등이 중심이 되는데, 이 중 현재 일본에서 동물약으로서 인가되어 있는 것은 개의 분리불안치료 보조약으로서의 염산크로미프라민뿐이다. 이들은 정동반응에 깊게 관여하는 뇌내 모노아민계에 작용하는 약물로 특히 세로토닌계에 관련되는 것이 많다. 모노아민계에는 그 밖에도 도파민이나 노르아드레날린 등 행동발현에 중요한 것이 있으며, 예를 들어 텍스트로암페타민이나 메틸페니데이트는 개의 진성다동증의 진단에 사용된다. 또한 모노아민의 대사・불활화에 관여하는 MAOB저해약은 고령성 치매행동의 개선(북미)이나 불안경감(유럽)에의 적응이 검토되고 있다. 그 밖에 완화정신안정제인 벤조디아제핀은 억제성 신경전달물질인 r아미노낙산(GABA) 뉴런계에 작용하기 때문에 즉효적인 진정효과를 기대하여 이용되는 경우가 있으나 학습기능을 저해하는 작용이 있으므로 행동수정이 불가결한 문제행동의 치료에는 그다지 적당하지 않다. 뇌내모노아민계의 역할에 관해서는 동물종을 넘어 공통점이 많다. 예를 들어 사람의 정신과 영역에서 이용되는 크로닝저의 성격진단에서는 도파민계가 신기투구성에, 세로토닌계가 손해회피성에, 노르아드레날린계가 보상의존성에 각각 깊은 관련이 있으며 이들의 균형에 의해 성격(또는 자극에 대한 반응패턴의 개성)이 만들어지는 것으로 생각된다.

Column 11-6

● 약물요법을 위한 기초지식 ●

세로토닌신경의 실조와 불안

불안이나 공포의 신경회로는 편도핵, 시상하부, 중뇌중심회백질과의 사이에 형성되는 쌍방향성의 복잡한 신경회로망으로 알려져 있다. 이 회로의 다양한 구성신경 중에서 세로토닌신경이 하는 역할이 중요하다는 것이 지금까지도 지적되어 왔으나 SSRI의 약효에 의해 약리학적으로도 확실하다고 인지되었다. 세로토닌은 불안 이외에 강박관념, panic, 기분장애, 공격성 등의 정신기능의 병태에도 관련된 신경전달물질로서 알려져 있다.

세로토닌신경과 항불안약의 작용점

세로토닌신경 종말의 절전섬유에는 세로토닌트랜스포터가 있고 시냅스간극에 방출되는 세로토닌이 이것에 의해 곧바로 회수되어 신경흥분을 멈춘다. 세로토닌트랜스포터에는 방출된 세로토닌을 재이용하는 역할도 있다. 세로토닌트랜스포터는 12회 막관통형의 단백질로 세로토닌을 Na+와 함께 시냅스전막 내에 공역 수송한다.

각종 불안증에서는 뇌의 세로토닌신경 종말에서의 세로토닌농도가 낮아 충분한 기능을 못하고 있다. 여기에 세로토닌트랜스포터 억제약인 SRI 또는 SSRI를 투여하여 세로토닌의 재흡수를 억제하면 신경종말부분의 세로토닌농도가 상승한다. 이것에 의해 세로토닌신경의 기능이 회복되어 불안이 해소되는 것으로 생각된다.

항불안약에 대해서

3환계의 항울약으로서 분류되는 크로미프라민은 모노아민트랜스포터 저해를 기서로 하는 세로토닌 재흡수저해작용을 가지고 있다는 것이 확인되어 세로토닌 재흡수저해약 Serotonin reuptake inhibitor(SRI)로도 불리고 있다. 인간에서는 불안을 기조로 하는 많은 신경증상에 유용하며 특히 항강박작용이나 항panic작용을 보인다. 크로미프라민에는 세로토닌 이외의 아민 재흡수의 억제작용도 있지만 항불안작용의 주체는 세로토닌 재흡수저해로 생각된다.

세로토닌에 선택성이 높은 약의 개발도 진행되고 있다. 선택적 세로토닌 재흡수저해약 Selective serotonin reuptake inhibitor(SSRI)로도 불리는 일군의 약으로 처음에 합성된 플루옥세틴에서는 panic장애, 강박신경증, 사회공포 등 많은 불안증에 대한 유효성이 확인되었다. 현재는 SSRI로서 플루보사민, 파로세틴, 세르트라린 등 많은 약이 개발되어 제1세대의 항불안약인 크로미프라민의 사용빈도는 감소하고 있다.

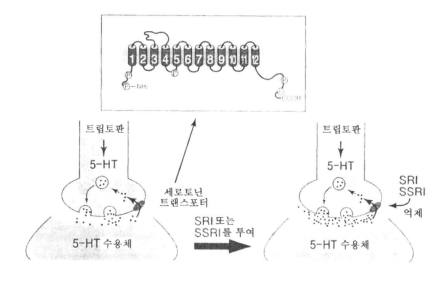

그림 11-15 SRI와 SSRI의 작용기서

동물의 문제행동치료와 SRI, SSRI

  분리불안증, 강박신경증, 공격행동 등의 동물의 다양한 문제행동을 억제하는 치료약으로서 크로미프라민이나 동종의 아미트리프티린 등의 SRI가 유용하다는 것이 임상수의사에 의해 밝혀졌고, 그 후 임상시험에서도 확인되었다. 이 중 개의 분리불안증을 대상으로 구미 및 일본에서 인가된 것은 크로미프라민이다. 동물약으로서의 허가는 아직 없으나 SSRI도 사용되기 시작하고 있다.

  인간의 불안증이나 신경증의 치료에서는 약이 어디까지나 보조적인 것으로 생각되고 있다. 동물의약에서도 실제면담에서는 약과 함께 상담과 행동요법을 병행하여 치료된다.

이 칼럼은 J.V.M(수의축산신보) (1999) 52 : 1002-1009, 문영당출판을 바탕으로 집필자인 尾崎博 박사(도쿄대학 수의약리학연구실)에 의해 재구성된 것이다.

Column 11-7

● **뇌와 행동의 진화** ●

  과거, 데카르트는 동물을 기계에 비유했고 유명한 파블로프학파 중에는 조건반사의 조합으로 동물의 행동전부를 설명하려 한 연구자도 있다. 그러나 반면, 다윈은 개를 비롯한 고등포유류가 인간과 마찬가지로 정동을 커뮤니케이션 수단으로서 표출한다는 것을 100년 전에 간파하고 있었다. 희로애락과 같은 감정의 기미는 우리들이 아무리 억제하려고 해도 어떻게 할 수 없는, 가장 근원적인 생리적 반응 중 하나이다. 이 감정 또는 정동체험의 공유야말로 커뮤니케이션의 기본이라 할 수 있을지도 모른다. 예를 들어, 개는 사람과의 커뮤니케이션 능력에 관해서도 놀랄 정도로 우수한 일면을 보여주는데 우리들이 그들로부터 마음을 치유 받는 것은 그러한 능력에 의한 부분이 적지 않다.

  인간과 동물은 어디가 같고 어디가 다른 것일까? 라는 질문은 옛 부터 수 없이 반복되어 왔을 것이다. 정답은 아직 누구도 알 수 없다. 유전자나 세포레벨에서는 사람과 개나 고양이 간에 거의 차이가 보이지 않는다. 그럼, 행동이라는 척도에 비추었을 때는 어떠한가? 뇌 내에는 외계에서 받은 다양한 자극이 자신에게 유익한 것인지 유해한 것인지를 판단하는 생물학적 가치판단기구가 있다. 이 기구는 정동반응계와 밀접하게 연관되어 있어서 혐오자극은 공포나 분노와 같은 불쾌한 정동을 일으키고, 반대로 기분 좋은 자극은 쾌정동을 일으켜 그러한 정동체험이 기억됨으로써 다음의 행동이 수식된다. 이것은 포유류에 공통되는 행동원리로 그러한 기능에 관란 뇌의 구조는 그림 11-16과 같이 말(본능을 담당하는 시상하부)에 마구(정동을 담당하는 변연계)를 장착하여 승마하는 기수(대뇌신피질)로 비유할 수 있을지도 모른다.

  그럼, 개와 사람은 어디가 다른 것일까? 아마도 기수의 솜씨(신피질의 기능)가 약간 질적이라기보다 양적으로 다를 것이다. 음식이나 배우자를 바라거나 적으로부터 도망치려는 말

의 본래의 움직임을 자유자재로 조종하는 선수와 말 위에서 요동치고 있는 원숭이의 차이
정도가 아닐까 생각한다. 이 차이를 과연 크다고 할 수 있을 것인가? 여기서 중요한 것은
마음을 나누기 위한 주체는 기수가 아니라, (사람도 개도 공통된) 말과 마구의 부분이라는
것이다. 사람과 사람의 사이, 또는 사람과 개의 사이에서 교환되는 언어를 넘는 커뮤니케이
션은 생명활동의 기반이라고도 할 수 있는 항상성을 가지며 기본적인 욕구를 만족하기 위
한 행동의 동기부여를 컨트롤하는 시상하부, 변연계(뇌의 오래된 부분)를 주축으로 이루어
지고 있기 때문이다.

개와 사람의 뇌의 차이는 기수의 솜씨 차이?

그림 11-16   개와 사람의 뇌의 차이는 기수의 솜씨 차이?

본능(생득적) 행동의 의식적인 제어

그림 11-17   본능(생득적) 행동의 의식적인 제어

개의 문제행동

1 서 론

개의 문제행동에는 다양한 종류가 존재한다. 본장에서는 개에서 빈번하게 발생하는 문제행동에 대해 설명한다. 가벼운 문제행동에 대해서는 동물간호사가 상담할 수도 있지만 증례에 따라서는 문제행동이 악화될 가능성이 있으므로 문제행동의 진단과 치료에 대해서는 전문지식을 가진 수의사 및 전문가에게 맡겨야 한다.

2 문제행동

1) 우위성 공격행동

　개가 인식하고 있는 자신의 사회적 순위가 위협받을 때 그 순위를 과시하기 위해 보이는 공격행동을 말한다(주인의 가족을 무리로 인식하여 그 안에서의 순위를 높이려고 하는 경향). 이러한 종류의 공격행동은 사람이 개의 행동을 컨트롤하려는 상황에서 일어나는 경우가 많다.

　개의 선조는 무리를 이루어 생활하는 늑대이다. 늑대의 사회에는 순위제가 있는데 가장 높은 순위의 개체가 먹이나 배우상대, 휴식장소를 가장 먼저 선택할 수 있다. 만일 순위가 낮은 개체가 높은 개체에게 맞서는 경우 강한 개체는 으르렁거리거나 물거나 하여 약한 개체를 징계하게 된다. 우리와 가까이 생활하는 개의 대부분도 이러한 성질을 지니고 있으며 이러한 개들은 주인의 가족을 자신의 무리라고 생각한다. 대부분의 개들은 보통 무리의 가장 낮은 순위를 만족하고 받아들이지만 그중에는 더 상위의 순위를 노리는 개들도 있다. 주인이나 일부 가족에 대해 도전적인 태도를 보일 때 으르렁거리거나 물거나 하게 된다.

　개는 다음과 같은 상황에서 인간이 취한 태도를 도전적으로 받아들이는 경우가 있다.

① 개가 먹이나 장난감을 소중하게 지키고 있는데 그것을 가져가려고 한 경우
② 소파나 침대 등 좋아하는 곳에서 자고 있거나 쉬고 있는 것을 방해한 경우
③ 자신의 주인(리더)이라고 생각하는 사람에게 다른 가족이 접근하거나 만지는 경우
④ 개가 자신의 순위를 위협받았다고 느낀 경우(예를 들어 개를 위에서 덮치거나 눈을 빤히 바라보거나 혼내거나 목줄을 잡아당기거나 요구하지 않았는데 계속 쓰다듬는 경우 등)

　개가 자신의 순위를 어디에 두는가에 따라 모든 가족에 대해 공격적이 되는 경우도 있고, 특정 구성원(여성이나 아이들 등)만이 대상이 되는 경우도 있다. 이러한 공격은 어렸을 때부터 시작되기도 하지만 보통은 1~2세의 사회적 성숙을 맞이하면서부터 심해지는 경우가 많다.

　우위성 공격행동은 대부분이 선조부터 내려져오는 성질이기 때문에 완전히 치유되지 않는 것으로 생각하여, 개의 생애에 걸쳐 대처를 계속해야만 한다. 그러나 적절한 행동치료를 실시하면 개와 주인의 관계를 개선하는 것이 가능하다는 것을 알아두어야 한다.

〈원 인〉

① 견종에 따른 유전적 경향

테리어, 시베리안 허스키, 아프간하운드, 미니추어슈나우저, 차우차우, 치와와, 라사압소, 로트와일러 등의 견종은 유전적으로 우위성 공격행동이 발현되기 쉽다.

② 수컷

암컷에 비해 수컷에서는 웅성호르몬인 테스토스테론의 영향을 받기 때문에 우위성 공격행동이 발현되기 쉽다.

③ 선천적 기질

타고난 기질로 우위성 공격행동이 발현되기 쉬운 개체가 존재한다.

④ 주인의 리더성 결여

주인이 개를 너무 귀여워해서 개가 요구하는 것을 전부 해주면 우위성 공격행동이 발현되기 쉽다.

〈진 단〉

① 공격의 대상(주인이나 가족)이나 상황을 상세히 검토하여 진단한다.

② 공포성 공격, 포식성 공격, 놀이공격, 아픔에 의한 공격, 특발성 공격 등 다른 공격행동과의 유증감별이 필요하다.

〈주 의〉

우위성 공격행동에 대해서는 전문가들 간에 논의가 엇갈리고 있어 일부전문가(미국행동의학 전문의 등)는 '인간에 대한 개의 우위성 공격행동은 거의 없고 대개가 소유성 공격행동이나 갈등 또는 공포에 의한 공격행동이며 이와 같이 정의를 개정해야 한다'는 제안도 있다. 따라서 우위성 공격행동의 진단은 이러한 점에도 고려하여 신중히 해야 한다.

2) 영역성 공격행동

마당, 집안, 차 등 개가 자신의 세력권으로 인식하고 있는 장소나 자신이 보호해야 한다고 인식하고 있는 대상에 접근하는 '위협이나 위해를 주는 의지가 없는' 개체에 대해 보이는 공격행동.

본능적으로 자신의 세력권이나 동료를 지키려고 하는 행동으로 집에 들어오는 사람이나 산책 중에 주인에게 말을 거는 사람, 집 앞을 지나는 다른 개 등을 공격하게 된다. 개가 집을 지키는 용도로 키워지고 있다 하더라도 매일 방문하는 우편배달부나 신문배달부, 때때로 방문하는 내방자에게도 짖는다면 주인이 아니라, 방문자도 불쾌감을 느끼거나 위험을 느끼게 된다.

이러한 종류의 공격경향을 보이는 개는 짖거나 으르렁거림으로써 침입자(방문자)가 사라진다는 것을 학습하고 있다. 우편배달부나 신문배달부가 할일을 마치고 그곳을 떠나는 것인데도 개는 자신의 공격에 의해 상대를 물리쳤다고 이해하고 알게 모르게 매일 매일 개의 학습이 강화되는 것이다. 이러한 경우, 만일 내방자가 개의 공격에 물러나지 않으면 개는 더 공격의 강도를 높여 최종적으로는 내방자에게 달려들게까지 된다. 짖거나 으르렁거리는 개에 비해서 달려드는 개를 치료하는 것이 훨씬 힘든 일임을 알고 있어야 한다.

또한 이 같은 개의 본래의 습성을 고쳐버리면 더 이상 집을 지키지 못할 거라고 생각하는 주인도 있을지 모르지만 실제로 주인이 습격당하거나 도둑이 침입하는 상황은 일반인이 방문하는 장면과 크게 다르기 때문에 개가 그것마저 인식하지 못하게 되지는 않는다.

〈원 인〉
① 견종에 따른 유전적 경향

도베르만, 아키타견, 미니추어슈나우저, 로트와일러, 저먼셰퍼드, 차우차우 등의 견종은 유전적으로 영역성 공격행동을 발현하기 쉽다.

② 과도한 영역방위본능

개가 자신의 세력권을 방위하는 것은 본능적인 행동이지만 개체에 따라서는 이것이 과도하게 나타나는 경우가 있다.

③ 강화학습(마이너스강화)

공격행동에 의해 위협을 느낀 대상이 사라진다는 것을 학습함에 따라 영역성 공격행동이 악화된다.

〈진 단〉
① 공격의 대상(주인이나 가족에게 접근하는 사람이나 동물)이나 상황(개의 세력권을 침범하고 있는 사실)을 상세히 검토하여 진단한다.
② 치료에는 공격을 일으키는 계기(자극)의 동정이 필요하다.
③ 우위성 공격, 공포성 공격, 포식성 공격, 놀이공격, 아픔에 의한 공격, 특발성 공격 등 다른 공격행동과의 유증감별이 필요하다.

3) 공포성 공격행동

공포나 불안의 행동학적·생리학적 징후가 동반되어 일어나는 공격행동.

천성적으로 겁이 많아 공포성 공격행동을 보이는 개도 있지만 어렸을 때 무서운 경험을 하거나 사회화 기회가 충분히 주어지지 못한 개는 겁이 많다. 이러한 개는 무섭다고 느끼는 상황에서 항상 긴장하므로 원인이 되는 공포심을 없애주어야 한다. 일반적으로 겁이 많은 개는 으르렁거리거나 짖거나 하지만 무는 경우는 드물다. 그러나 자신이 공포적인 상황에서 벗어날 수 없다는 것을 깨달으면 공격적으로 행동을 하는 경우도 적지 않다.

어른이라면 개가 보이는 불안의 징후(몸을 낮추어 으르렁거리거나 떨거나 하는 것)를 알아차리고 더 이상 개를 건들지 않겠지만 아이들은 갑자기 큰 소리를 내거나 다가가거나 개의 귀나 꼬리를 물거나 잡아당기는 경우가 있다. 이것이 겁먹은 개에게 있어 위협이 된다는 것은 쉽게 알 수 있다.

〈원 인〉

① 과도한 공포나 불안

개가 공포나 불안을 강하게 느끼면 본능적으로 공격행동을 보인다.

② 선천적 기질

천성적으로 공포나 불안을 느끼기 쉬운 개체가 존재한다.

③ 사회화 부족

생후 3~12주의 사회화기에 충분한 경험을 하지 않은 경우는 성장 후 신기한 환경이나 대상물에 대해 과도한 공포나 불안을 느끼게 된다.

④ 과거의 혐오경험

과거(특히 어렸을 때)에 공포경험이나 불안경험이 있으면 신기한 환경이나 대상물에 과도한 반응을 보이기 쉽다.

〈진 단〉

① 공격대상이나 상황(공포나 불안의 행동학적·생리학적 징후를 동반한다)을 상세히 검토하여 진단한다.

② 치료에는 공격을 일으키는 원인의 동정이 필요하다.

③ 우위성 공격, 공포성 공격, 포식성 공격, 놀이공격, 아픔에 의한 공격, 특발성 공격 등 다른 공격행동과의 유증감별이 필요하다.

4) 포식성 공격행동

주시, 침을 흘림, 살금살금 걸음, 낮은 자세 등과 같은 포식행동에 이어서 일어나는 공격행동.

개에게 있어 소형 사냥감을 포식하는 것은 본능행동이므로 이러한 종류의 공격행동을 방지하는 것은 상당히 어렵다. 특히 유아는 항상 우유냄새가 나는 것도 있어 포식성 공격행동을 유발하는 경우가 많다. 어린 개를 구입하여 다른 소동물이나 아이와 함께 생활하게 할 예정인 경우는 사회화기(생후 3~12주)에 충분히 순화시킬 필요가 있다. 수의사는 포식성 공격행동의 치료를 할 경우는 어떠한 방법을 이용해도 개의 본능적인 동기를 줄이기 어렵다는 것을 우선 인식하고 기대할 수 있는 치료효과는 돌발적인 교상사고를 줄이는 정도라는 것을 주인에게 전달해두어야 한다.

〈원 인〉

① 과도한 포식본능

개체에 따라서는 작고 움직이는 것은 모두 사냥감이라고 인식하는 경우가 있다.

② 유아나 소동물에 대한 사회화부족

사회화기에 유아나 소동물에 대해 사회화가 되지 않았거나 충분하지 않으면 이들을 사냥감이라고 인식하게 된다.

〈진 단〉

① 유아나 소동물을 대상으로 하여 포식행동에 연동하여 일어나는 공격에 대해 상황에 따라 진단한다.

② 우위성 공격, 공포성 공격, 포식성 공격, 놀이공격, 아픔에 의한 공격, 특발성 공격 등 다른 공격행동과의 유증감별이 필요하다.

5) 동종간 공격행동(가정내)

가정 안에서 서로의 우열관계에 대한 인식 결여 또는 부족에 의해 일어나는 개들 간의 공격행동.

가정 내에 복수의 개가 있을 경우, 개들 간에 싸우는 일이 많다. 이러한 종류의 공격이 많이 보이는 것은 개가 작을 때는 괜찮았지만 성장할수록 싸움이 끊이지 않는 경우이다. 특히 같은 견종이나 같은 성별의 경우는 서로 우위순위가 잘 형성되지 않기 때문에 문제가 심해지기 쉽다. 또한 일본인에게는 옛 부터 약자를 동정하는 감정이 있기 때문에 개들 간의 우위순위가 정해져도 주인이 작고 약한 개의 편을 들어줌으로써 서열을 혼란시키기 쉽다. 일본인으로서는 바람직하게 생각하기 쉬운 이 자세가 개들 간의 공격행동을 악화시키기 쉽다는 것을 주인에게 이해시켜야 한다.

〈원 인〉

① 개들 간의 우열순위의 불안정 또는 결여

특히 견종, 크기, 연령, 성별이 같은 경우는 우열순위가 잘 형성되지 않으므로 개들 간의 공격행동이 나타나기 쉽다.

② 개의 우위순위에 대한 주인의 부적절한 간섭

개들 간에는 확고한 우열순위가 존재함에도 불구하고 주인의 마음에 따라 순위를 역전하는 간섭을 하면 개들 간의 공격행동이 나타나기 쉽다.

③ 주인의 애정을 구하려는 개들 간의 경합

개들 간에는 우열순위가 정해져 있어도 주인에의 애착이 강해지는 경우는 개들 간의 공격행동이 나타난다.

④ 견종에 따른 유전적 경향

테리어, 차우차우, 시베리안 허스키, 미니추어슈나우저, 저먼셰퍼드 등의 견종은 개들 간의 공격행동이 나타나기 쉽다.

⑤ 수컷

암컷에 비해 수컷은 웅성호르몬인 테스토스테론의 영향을 받기 때문에 개들 간의 공격행동이 나타나기 쉽다.

〈진 단〉

① 동일 가정 내의 개들 간의 공격을 확인하고 진단한다.

② 공포성 공격, 놀이공격, 아픔에 의한 공격, 특발성 공격 등 다른 공격행동과의 유증감별이 필요하다.

6) 동종간 공격행동(가정외)

가정 밖에서 위협이나 위해를 줄 의지가 없는 것으로 생각되는 개에 대해 보이는 공격행동.

산책 중에 개가 다른 개에게 공격을 거는 경우는 의외로 많다. 주인이 자신의 개를 완전히 억제할 수 있는 경우는 문제가 되지 않지만 대형 견종의 경우나 주인이 힘이 부족한 여성인 경우 등은 심각한 문제로 발전하기 쉽다. 대부분의 주인은 이러한 종류의 공격행동을 개의 본능이라고 생각하고 체념하고 곤란을 겪으면서도 방치하고 있다. 개가 있는 곳에는 가까이 가지 않는다거나 산책시간을 변경하는 등 대책이 강구되지 않은 경우는 공격대상이 되는 개의 특징을 파악한 뒤 치료를 시작하는 것이 좋다.

〈원 인〉

① 견종에 따른 유전적 경향

　테리어, 차우차우, 시베리안 허스키, 미니추어슈나우저, 저먼셰퍼드 등의 견종은 개들 간의 공격행동이 나타나기 쉽다.

② 수컷

　암컷에 비해 수컷은 웅성호르몬인 테스토스테론의 영향을 받기 때문에 개들 간의 공격행동이 나타나기 쉽다.

③ 사회화 부족

　생후 3~12주의 사회화기에 다른 개에 대해 사회화가 되어 있지 않거나 충분하지 않으면 성장 후 다른 개를 공격하기 쉽다.

④ 과도한 영역방위나 주인방호본능

　영역방위본능이나 주인방호본능이 강한 개는 자신의 영역이나 주인에게 접근하는 개에 대해 공격행동을 나타나기 쉽다.

〈진 단〉

① 산책시 등 자택 이외의 장소에서 다른 개에 대해 보이는 공격을 확인하고 진단한다.

② 치료에는 공격의 대상이 되는 개의 특징과 공격을 시작하는 거리의 동정이 필요하다.

③ 공포성 공격, 포식성 공격, 놀이공격, 아픔에 의한 공격, 특발성 공격 등 다른 공격행동과의 유증감별이 필요하다.

7) 특발성 공격행동

예측불능으로 원인을 알 수 없는 공격행동.

최근 유럽과 미국에서 일부 견종에 특발성 공격행동(Rage syndrome이라고도 한다)이 자주 발생한다는 보고가 있으며, 이는 공격행동을 주인이 사전에 알 수 있는 전조증상 없이 즉각적으로 발생하는 특징이 있다. 이러한 공격행동으로 진단되는 경우 페노발비탈을 처방받아 장기간 복용해야 하는 불행한 경우가 발생한다. 이러한 특발성 공격행동은 매우 드물다. 개체에 따라서는 위협행동(으르렁거린다, 이를 드러낸다 등)의 발현시간이 짧은 개체도 있으므로 특히 우위성 공격이나 공포성 공격과의 유증감별이 중요하다.

〈원 인〉
① 견종에 따른 유전적 경향
  스프링거 스파니엘, 코카 스파니엘, 세인트버나드, 도베르만, 저먼셰퍼드 등은 특발성 공격행동을 나타내기 쉽다.
② 뇌의 기질적 질환
  종양이나 간질 등 뇌의 질환에 의해 특발성 공격행동이 나타나는 경우가 있다. 단, 기질적 질환의 존재가 확인된 경우는 특발성 공격행동이라고 부르지 않는다.

〈진 단〉
① 전조를 파악하기가 어렵고 각종 검사에서도 원인을 특정할 수 없는 공격행동을 확인하고 진단한다.
② 우위성 공격, 공포성 공격, 포식성 공격, 놀이공격, 아픔에 의한 공격 등 다른 공격행동과의 유증감별이 필요하다.

3 공포/불안에 관련된 문제행동

1) 분리불안

  주인의 부재 시에만 보이는 짖기, 파괴적 활동, 부적절한 배설과 같은 행동학적 불안징후나 구토, 설사, 떨림, 지성피부염과 같은 생리학적 증상.
  개는 사회적 동물이므로 무리의 동료를 항상 필요로 한다. 주인의 눈을 바라보면서 꼬리를 흔들며 좋아해하는 개는 바라만 보아도 행복한 마음이 들지만 주인이 전업주부라도 항상 개를 데리고 장을 보러갈 수는 없는 노릇이다. 하물며 주인이 학생이거나 근로자라면 더더욱 개를 빈집에 놓아두는 시간이 길어진다. 개가 빈 집에 있는 동안 불안을 느끼는 일은 이상한 것이 아니다. 그 원인은 하나로 국한할 수 없으며 어렸을 때 오랫동안 빈 집에 혼자 있었던 일, 주인이 매일 같이 스케줄이 변하는 일, 주인이 종종 바뀌는 일 등 다양한 원인이 생각된다. 물론 이유도 확실히 모른 채 증상이 점점 심해지는 경우도 있다.

분리불안의 증상은 실로 다양하나 주된 것은 파괴행동, 쓸데없이 짖기, 평소에는 생각할 수 없는 곳에서의 배변 등이다. 그 밖에도 헐떡임, 떨림, 구토, 설사, 지성피부염 등이 보이는 경우도 있다. 단, 주인이 있을 때 위의 증상이 보이는 경우는 분리불안이 아닐 가능성이 크므로 주의가 필요하다.

분리불안을 보이는 개와 주인 사이에는 종종 과도한 애착관계가 보인다. 개는 항상 주인과 행동을 함께 하고 주인이 화장실에 들어갈 때도 데려가는 경우가 있다. 많은 주인들은 이러한 행동을 바람직하다고 느끼고 대응하기 때문에 결과적으로 분리불안은 더 커지게 된다.

〈원 인〉

① 주인의 외출에 대한 순화부족

주인 또는 가족이 항상 함께 있는 환경에서 자란 개는 분리불안을 나타내기 쉽다.

② 주인의 갑작스런 생활변화

주인의 취직 등에 의해 갑자기 지금까지 없던 장시간의 빈 집을 경험하게 되면 분리불안이 나타나기 쉽다.

③ 외출시나 귀가시의 주인의 애정표현의 과다

주인이 외출시나 귀가시 강한 애정표현을 보임으로써 개에게 주인이 있을 때와 없을 때의 차이를 강하게 인식시키게 되어 결과적으로 부재시의 개의 불안을 증가시킨다.

〈진 단〉

① 주인이 없을 때 일어나는 찢기, 파괴, 부적절한 배설을 확인하고 진단한다.

② 주인이 집에 있을 때도 보이는 찢기, 파괴, 부적절한 배설과의 유증감별이 필요하다.

2) 공포증

천둥이나 큰 소리와 같은 특별한 대상에 대해 일어나는 도피·불안 행동이나 떨림 등의 생리적 증상.

천둥이나 큰 소리(청소기, 불꽃, 오토바이 등)에 대해 불안징후를 보이는 개는 의외로 많다. 그러나 그것이 심해져 panic상태의 증상을 보이거나 창문을 깨고 도망갈 정도가 되면 치료가 필요하다. 이러한 종류의 문제에서는 하나의 소리에 대한 공포가 반화(般化)되어 유사한 소리에 전부 공포를 느끼는(자극반화) 경우가 많다.

〈원 인〉

① 사회화(순화) 부족

생후 3~12주의 사회화기에 신기한 환경이나 소리에 대해 충분한 사회화가 되어 있지 않으면 성장 후 공포증을 나타내기 쉽다.
② 과거의 혐오경험

갑작스런 천둥이나 큰 소리에 대해 공포경험을 받은 경우(특히 유약기)는 공포증을 나타내기 쉽다.
③ 주인에 의한 부적절한 강화

개가 공포증의 징후를 보일 때 주인이 달래면 개의 그러한 징후가 강화되어 공포증이 악화되는 경우가 있다.

〈진 단〉

① 특별한 대상에 대해 일어나는 도피·불안 행동이나 떨림 등의 생리학적 증상을 확인하고 진단한다.
② 치료에는 공포를 느끼는 대상의 동정이 필요하다.
③ 관심을 구하는 행동과의 유증감별이 필요하다.

4 그 외의 문제행동

1) 쓸데없이 짖거나 과잉 포효

불필요하게 반복되는 포효.

이전에는 개를 마당에 묶어 집을 지키도록 하는 경우가 많았으나 현재는 대형 견종도 반려동물로서 실내에서 사육되는 경우가 늘고 있다. 이러한 상황 속에서 도시의 집합주택에 사는 주인에게 있어 쓸데없이 짖거나 너무 많이 포효하는 문제는 심각한 것으로 발전하기 쉽다. 경계포효는 개의 본능에 기초한 것이지만 쓸데없이 짖거나 너무 많이 포효하는 것이 문제가 되면 어떠한 학습에 의해 악화되고 있는 경우가 대부분이다. 이러한 종류의 문제를 전기쇼크목걸이를 사용하여 해결하려는 사람도 있으나 이것은 대증요법에 지나지 않으며 일시적으로 짖지 않을지도 모르지만 시간이 지나면 재발하는 경우가 적지 않다. 이러한 종류의 문제를 치료하려는 수의사는 언뜻 보기에 힘든 일로 생각할 수 있지만 개가 짖는 동기를 줄이는 것이 근본적인 치료의 길임을 인식해두어야 한다.

〈원 인〉

① 견종에 의한 유전적 경향

    비글, 테리어, 푸들, 페키니즈, 치와와 등의 견종은 과잉 포효의 문제를 일으키기 쉽다.

② 부적절한 강화학습

    개가 짖을 때마다 방에 들여놓거나 낯선 사람이 떠나가는 등 강화를 반복적으로 주면 짖는 것을 학습하게 된다.

③ 환경자극

    지나가는 자전거, 차, 소동물 등을 본 것만으로 계속해서 짖는 개체도 있다.

④ 공포

    불꽃이나 큰 소리에 대한 공포 때문에 계속해서 짖는 경우도 있다.

⑤ 사회적 촉진

    다른 개가 짖기 시작하면 그것을 따라 계속해서 짖는 경우가 있다.

〈진 단〉

① 주인이나 이웃 주민들이 견딜 수 없는 포효로써 진단한다.
② 치료에는 짖기 시작하는 계기(자극 ; 경계, 불안, 흥분 등을 포함)의 동정이 필요하다.
③ 분리불안, 관심을 구하는 행동 등과의 유증감별이 필요하다.

2) 파괴행동

    이갈이, 놀이, 이기(異嗜), 분리불안 등과는 무관하게 보이는 파괴행동.

    일반적으로 강아지는 1세 정도가 될 때까지 전반적인 활동성도 높고 특히 이갈이시기에는 여러 가지 물건을 물어 뜨는 경우가 많다. 이러한 파괴행동은 성장과 함께 사라지는데 이것이 성견이 되어도 그대로 남아 있거나 성장한 뒤 시작되는 파괴행동은 damage가 크기 때문에 심각한 문제가 될 수 있다. 이러한 종류의 문제를 체벌만으로 억제하려고 하면 주인에 대한 공격행동으로 발전할 우려가 있으므로 대응에는 주의가 필요하다.

〈원 인〉

① 품종에 따른 유전적 경향

테리어, 저먼셰퍼드, 시베리안 허스키 등의 견종은 파괴행동을 나타내기 쉽다.

② 심심하거나(주인과의 상호관계부족) 욕구불만

개가 심심하거나 욕구불만을 느끼면 파괴행동을 나타내기 쉽다.

〈진 단〉

① 주인이 견딜 수 없는 파괴행동으로써 진단한다.

② 분리불안, 놀이행동, 관심을 요하는 행동, 이갈이, 이기 등과의 유증감별이 필요하다.

3) 부적절한 배설

부적절한 장소에서의 배설.

일반적으로 개에게 화장실 예절을 가르치는 것은 그렇게 어렵지 않다. 원래 개에게는 자신의 둥지를 청결하게 유지하는 선천적인 행동패턴이 존재하기 때문이다. 그러나 배설행동은 매일 일어나는 일인 만큼 실내에서 개를 사육하는 주인에게 이러한 종류의 문제가 있는 경우는 고민이 심각하다. 이러한 종류의 문제는 다양한 요인에 의해 일어나기 때문에 원인을 특정한 뒤 대응이 필요하다.

〈원 인〉

① 의학적 질환

비뇨기질환이나 소화기질환에 의해 부적절한 배설이 일어나는 경우가 있다. 배설빈도가 증가하거나 배설행동을 스스로 컨트롤하지 못하는 경우는 실금이라는 형태로 부적절한 배설이 일어난다.

② 마킹

수컷뿐 아니라, 암컷에서도 마킹을 위한 부적절한 배설이 일어나는 경우가 있다.

③ 화장실 교육 부족이나 그 장애

특히 어린 동물에서는 교육 부족에 의한 부적절한 배설이 많다.

④ 복종배뇨

특히 어린 동물에서는 복종을 보이기 위해 또는 흥분해서 실금하는 경우가 있다.

〈진 단〉

① 부적절한 장소에서의 배설을 확인하고 진단한다.

② 치료에는 원인의 특정이 필요하다. 예를 들어, 개를 작은 방이나 서클에 격리하여 거기서의 배설행동으로 추정할 수 있다.

③ 분리불안, 관심을 구하는 행동, 고령성 인지장애 등과의 유증감별이 필요하다.

4) 관심을 구하는 행동

주인의 관심을 끌려는 행동. 실제로는 상동적인 행동, 환각적인 행동, 의학적 질환의 징후 등이 보인다.

개가 주인의 관심을 끌려고 호소하는 듯 한 눈을 하거나 짖어보거나 주인을 앞발로 쿡쿡 찌르거나 하는 행동은 실제로 귀엽기도 하고 주인이 그에 반응하여 개를 쓰다듬는 것은 무리가 아니다. 그러나 주인의 관심을 얻기 위해 파행을 보이거나 꼬리를 쫓는 등의 상동적인 행동을 보이게 되면 주인도 그저 기뻐할 수만은 없다. 이러한 종류의 문제를 치료할 때는 의학적 질환이나 상동장애와의 유증감별이 중요하다.

〈원 인〉

① 주인의 애정과다

주인이 항상 동물을 보살피는 경우 그러한 상황이 없어지면 관심을 요하는 행동이 보이게 된다.

② 주인의 관심부족

반대로 주인이 동물에게 전혀 신경을 쓰지 않아도 관심을 요하는 행동이 보이게 된다.

③ 주인의 애정을 둘러싼 다른 동물과의 경합

복수의 동물이 사육되는 경우나 작은 새끼가 있는 경우는 주인의 애정을 독점하려고 관심을 요하는 행동이 나타나기도 한다.

④ 과거의 의학적 질환

과거에 어떠한 의학적 질환을 경험하고 그때 주인의 애정을 독점한 적이 있는 경우 주인의 관심을 얻으려고 당시와 같은 증상을 보이는 경우가 있다.

〈진 단〉

① 상동적인 행동, 환각적인 행동, 의학적 질환의 징후 등을 확인하고 문제가 되는 행동의 전후의 상황을 상세히 검토하여 진단한다.

② 관심을 구하는 행동으로서 진단하는 경우는 이하의 2조건을 만족해야 한다.
    ·개만 놓아둔 경우 문제행동이 보이지 않는다. 주위에 사람이 없고 비디오 등으로 개만 있는 모습을 촬영하여 판단하면 좋다.
    ·주인이 관심을 줌으로써 문제행동이 나타날 가능성이 증가한다.

③ 의학적 질환, 상동장애, 지성피부염(육아종) 등과의 유증감별이 필요하다.

5) 상동장애

꼬리 쫓기, 꼬리 물기, 그림자 쫓기, 등불 쫓기, 실제로는 존재하지 않는 파리 쫓기, 공기 물기, 과도한 핥기 등 이상빈도나 지속적으로 반복하여 일어나는 협박적 또는 환각적 행동, 발끝이나 옆구리를 계속 핥아 지성피부염(육아종)이 일어나는 경우도 있다.

이러한 범주로 분류되는 문제행동은 이상행동이라고도 불리며 동기를 이해하는 것이 어렵다. 인간의 정신의학영역에서는 강박신경증(Obsessive compulsive disorder : OCD)이라는 병태가 존재하지만 동물에서 강박적인(Obsessive) 관념이 존재하는가는 불분명하므로 여기서는 병태를 보다 객관적으로 나타내는 상동장애라는 진단명을 사용하기로 한다. 개나 고양이의 이러한 종류의 문제는 때로 관심을 구하는 행동인 경우도 있으므로 유증감별에 주의가 필요하다.

〈원 인〉

① 심심함, 주인과의 상호관계부족
    누구도 신경 써주지 않고 심심한 상태가 계속되는 경우 상동장애가 나타날 수 있다.

② 스트레스, 갈등, 지속적 불안
    강한 스트레스상태, 갈등상태, 불안상태가 지속되는 경우 상동장애가 나타날 수 있다.

③ 학습
    우발적인 상동행동을 취했을 때 신경전달물질인 엔도르핀이 방출되어 그것에 의해 강화가 일어나면 그 행동을 반복하게 되는 경우가 있다.

④ 세균감염에 의한 잠재적 소양감
    피부에 특별한 징후가 보이지 않아도 잠재적 소양감 때문에 지성피부염이 일어나는 경

우가 있다.

〈진 단〉

① 극단적인 반복행동이나 환각적 행동을 확인하고 문제가 되는 행동의 전후 상황을 상세히 검토하여 진단한다.
② 의학적 질환(특히 피부질환이나 중추신경질환), 관심을 구하는 행동 등과의 유증감별이 필요하다.

6) 고령성 인지장애

'밤중에 일어난다. 공중을 바라본다. 집안이나 마당을 떠돈다. 화장실 교육을 잊어버린다.' 등 교령에 의해 일어나는 인지장애, 관절염, 시각장애, 청각장애, 체력저하, 반응지연 등과 같은 생리학적 변화를 동반하는 경우도 있다.

최근의 동물의료의 발달에 따라 반려동물의 수명이 길어지고 있다. 일반적으로 대형 견종은 소형 견종에 비해 수명이 짧지만 10년 이상의 노령견이 점차적으로 증가하고 있다. 이로 인해 최근에는 개들의 고령성 행동변화가 문제가 되고 있다. 미국의 조사에서는 11~12세에서 47%, 15~16세에서 86%의 개에 행동변화의 징후가, 그리고 11~12세에서 14%, 15~16세에서 50%의 개에서 인지장애의 징후가 보이고 있다. 고령이 된 개는 신체가 부자유스럽거나 감각이 둔해지기 때문에 작은 것에 불안을 느끼기 쉽다. 최근에는 이전에 문제가 없던 개가 고령이 된 뒤 갑자기 분리불안을 보이는 문제가 증가하고 있다.

〈원 인〉

① 개의 고령화
   최근의 동물의료의 발달에 따라 개의 수명이 점차 늘어나 고령으로 인한 문제행동이 나타나고 있다.

〈진 단〉

① 주인이 견딜 수 없는 고령성 행동변화로써 진단한다.
② 의학적 질환에 의한 행동변화와의 유증감별이 필요하다. 특히 감각기질환(백내장이나 고령성 난청 등)은 쉽게 행동을 변화시키기 때문에 주의해야 한다.

복 습

① 개에게 보이는 공격행동의 종류와 그 원인
② 개에게 보이는 공포/불안에 관련된 문제행동의 종류와 그 원인
③ 개에게 보이는 그 외의 문제행동의 종류와 그 원인

과제 12

① 개의 공격행동과 그 주된 원인을 정리해보자.
② 개의 불안에 기초한 문제행동를 정리해보자.
③ 분리불안의 행동학적 징후를 설명해보자.
④ 관심을 구하는 행동과 강박증의 차이점을 정리해보자.

고양이의 문제행동

---

1 서 론

고양이의 문제행동에는 다양한 종류가 존재한다. 본장에서는 고양이에서 빈번하게 발생하는 문제행동에 대해 설명한다. 가벼운 문제행동에 대해서는 동물간호사가 상담할 수도 있지만 증례에 따라서는 문제행동이 악화될 가능성이 있으므로 문제행동의 진단과 치료에 대해서는 전문지식을 가진 수의사에게 맡겨야 한다.

2 부적절한 배설

1) 스프레이행동

부적절한 장소에서의 스프레이(오줌에 의한 냄새마킹)행동.

실내에서도 여기 저기 스프레이를 하는 고양이는 의외로 많다. 주인에 따라서는 전형적인 스프레이행동을 배뇨행동으로 인식하는 경우가 있으므로 부적절한 배설과의 유증감별이 중요하다. 스프레이자세를 보이지 않고 오줌이 수직면에 남아 있지 않은 경우라도 냄새마킹행동이라고 의심되는 경우는 이 범주에 넣어 치료한다. 또한 소량의 오줌만이 남아 있는 경우에도 냄새마킹행동이 시사되면 이 범주에 포함시켜 생각할 필요가 있다.

〈원 인〉
① 세력권에 관한 불안이나 사회적 불안
　　새로운 동물이 가족으로 들어오거나 이사 등에 의해 환경이 변화하면 불안을 느껴 스프레이행동이 증가하는 경우가 있다.
② 정서적 불안
　　바깥고양이를 집고양이로 만들기 위해 실내에 가두거나 주인의 장기부재 등에 의해 정서적으로 불안을 느끼면 스프레이행동이 증가하는 경우가 있다.
③ 다른 고양이에 의한 도발적 자극
　　번식기의 암컷고양이가 존재하거나 창문에서 바깥고양이가 보이는 경우 스프레이행동이 증가할 수 있다.

〈진 단〉
① 부적절한 장소에서의 스프레이행동을 확인하고 진단한다.
② 치료에는 원인의 동정이 필요하다.
③ 스프레이행동과 그 이외의 부적절한 배설문제는 원인도 치료방법도 다르므로 확실한 유증감별이 필요하다.

〈주 의〉

주인이 주장하는 인상만으로 스프레이행동과 그 이외의 부적절한 배설문제의 유증감별을 해서는 안 된다. 표 13-1을 참고하여 객관적으로 진단을 내려야 한다.

표 13-1 스프레이행동과 부적절한 배설의 차이점

특징	스프레이행동	부적절한 배설
자세	일반적으로 서서 한다 (앉아서 하는 경우도 있다)	앉아서 한다
배설량	적다	많다
화장실의 사용	일반적인 배설시에 사용	일반적으로 사용하지 않는다
대상장소	일반적으로 수직면, 정해진 장소 (수평면인 경우도 있다)	좋아하는 장소(소재면)
소변행동	일반적으로 화장실을 사용	일반적으로 부적절한 장소에서 한다

2) 부적절한 배설

부적절한 장소에서의 배설.

바깥에서 마음대로 생활하는 고양이가 매일 같은 장소에 배설하거나 다른 고양이가 배설한 장소에 배설하는 경우는 거의 없다. 그렇게 생각하면 집고양이가 매일 같은 화장실에서 배설한다는 것은 본래 부자연스러운 일이다. 하물며, 몇 마리의 고양이에게 같은 화장실을 사용하게 한다는 것은 더더욱 그렇다. 고양이가 부적절한 장소에 배설한다는 문제는 자주 보이는데 그 원인은 다양하다.

요로질환을 가진 고양이는 배설할 때 아픔을 느끼므로 그 아픔을 떠올려 화장실을 피하게 된다. 마찬가지로 변비나 설사가 원인인 경우도 있으므로 행동치료를 시도하기 전에 엄밀히 검사를 해두어야 한다. 또한 고양이에게는 화장실의 위치, 형상, 고양이모래에 대해 좋고 싫음이 많이 보인다. 상용하기 불편한 장소에 있는 이상한 모래가 있는 화장실을 처음에는 참고 사용해도 다른 좋아하는 곳이 생기면 그쪽을 사용하게 되는 경우도 많다. 또한 몇 마리의 고양이가 공동화장실을 이용하는 경우 입장이 약한 고양이는 이 화장실에서 마음 놓고 배설하지 못하여 다른 장소를 택하는 경우도 있다.

〈원 인〉

① 의학적 질환

비뇨기질환이나 소화기질환에 의해 부적절한 배설이 일어나는 경우가 있다. 주요 질환으로는 FLUTD(Feline lower urinary tract disease ; 고양이하부요로질환), 방광염, 요도장애, 요석증, 다뇨증(신장질환, 당뇨병을 포함), 빈뇨증, 갑상선기능항진증, 항문낭염, 장염, 변비 등이 있다.

② 화장실에 대한 불만

화장실의 배치장소, 형상, 모래의 종류, 세정횟수 등에 대한 불만 때문에 부적절한 배설행동이 나타나는 경우가 있다.

③ 불안을 느끼는 상황

다른 동물과 함께 키우고 있거나 바깥의 고양이가 창문에서 보이거나 하면 불안을 느껴 부적절한 배설행동이 나타나는 경우가 있다.

〈진 단〉

① 고양이용 화장실 이외의 장소에서의 배설을 확인하고 진단한다.
② 치료에는 원인의 특정이 필요하다.
③ 스프레이행동과의 유증감별이 필요하다(스프레이행동의 항 참조).

3 공격행동

1) 우위성 공격행동

고양이가 인식하고 있는 자신의 사회적 순위가 위협받을 때 일어나는 공격행동.

고양이는 개와 달리, 엄밀한 사회순위를 확립하여 그것을 유지하는 일은 없다. 단, 고양이도 사회적 순위를 인식하는 것은 가능하며 그 순위는 상황에 따라 달라질 것이다. 주인이 어렸을 때부터 귀여워하여 멋대로의 행동을 허용 받고 자라면 점차 오만해져 주위에 대해 지배적인 행동을 보이게 된다. 이와 같은 고양이는 주인으로부터의 요구가 마음에 들지 않을 때는 공격적인 반응을 보이게 된다.

〈원 인〉

① 고양이에 대한 주인의 복종경향

주인이 고양이에게 복종하는 태도를 계속해서 보이면 우위성 공격행동이 나타나기 쉽다.

〈진 단〉

① 주인이 고양이가 놓여 있는 상황을 컨트롤하려고 할 때 일어나는 공격을 확인하고 진단한다.

② 영역성 공격, 공포성 공격, 전가성 공격, 포식성 공격 등 다른 공격행동과의 유증감별이 필요하다.

2) 영역성 공격행동

고양이가 자신의 세력권으로 인식하고 있는 장소에 접근하는 (위협이나 위해를 주는 의지가 없는) 개체에 대해 보이는 공격행동.

고양이는 세력권을 가지고 있으며 그것을 지키는 본능이 있는 동물이다. 도시나 집안에 살고 있는 고양이의 경우, 서로의 세력권에 엄밀한 경계가 존재하지 않고 각각이 일부 중첩되어 있는 것이 보통이다. 일반적으로는 시간이 지나면 자연적으로 영역분류에 의해 중첩된 세력권을 공유하게 되지만 때로 그것이 싸움으로 발전하는 경우가 있다.

고양이 간의 싸움은 자주 상담되는 문제인데 이러한 종류의 공격행동은 바깥에 생활하는 고양이들 사이에도 집안에서 생활하는 고양이들 사이에도 많이 보인다.

〈원 인〉

① 영역방위본능

바깥에서 생활하던 고양이가 집안에 들어오는 경우나 집안에 여러 마리의 고양이가 있는 경우는 영역성 공격행동이 나타나기 쉽다.

② 새로운 고양이의 참가

새로운 고양이가 들어오면 영역성 공격행동이 나타나는 경우가 있다.

③ 수컷

암컷에 비해, 수컷은 웅성호르몬인 테스토스테론의 영향을 받기 때문에 영역성 공격행동이 나타나기 쉽다.

〈진 단〉

① 영역을 침범하는 고양이에 대한 공격을 확인하고 진단한다.

② 치료에는 원인의 동정이 필요하다.

③ 우위성 공격, 공포성 공격, 전가성 공격, 포식성 공격 등 다른 공격행동과의 유증감별이
  필요하다.

3) 공포성 공격행동

　공포나 불안의 행동학적·생리학적 징후가 동반되어 일어나는 공격행동.

　고양이에서도 공포성 공격행동은 존재한다. 고양이에서는 천성적 공포이거나 사회화 부
족인 경우는 보통 도망가 버리므로 공포성 공격행동이 나타나는 일은 드물지만 도망갈 곳
이 없는 경우나 체벌이 가해지는 경우는 방어적 공격으로 바뀌는 일도 적지 않다.

〈원 인〉

① 과도한 공포나 불안

　고양이가 공포나 불안을 강하게 느끼면 본능적으로 공격행동을 보인다.

② 선천적 기질

　천성적으로 공포나 불안을 느끼기 쉬운 개체가 존재한다.

③ 사회화 부족

　생후 2~9주의 사회화기에 충분한 경험을 하지 않은 경우는 성장 후 신기한 환경이나
　대상물에 대해 과도한 공포나 불안을 느끼게 된다.

④ 과거의 혐오경험

　과거(특히 어렸을 때)에 공포경험이나 불안경험이 있으면 신기한 환경이나 대상물에 과
　도한 반응을 보이기 쉽다.

〈진 단〉

① 공포나 불안의 행동학적·생리학적 징후를 동반하는 공격을 확인하고 진단한다.

② 치료에는 공격을 일으키는 계기(자극)의 동정이 필요하다.

③ 우위성 공격, 공포성 공격, 전가성 공격, 포식성 공격 등 다른 공격행동과의 유증감별이
  필요하다.

4) 전가성 공격행동

어떠한 원인에 의해 고양이의 각성도가 높아져 있는(흥분해 있는) 상황에 이어서 일어나는 공격행동.

전가성 공격행동이란 인간의 세계에서 말하는 '날벼락'에 가까운 것으로 흥분하여 공격성이 나타날 수 있는 고양이에게 접근함으로써 공격을 유발한 대상이 아닌, 죄 없는 대상에게 공격을 가하는 것을 말한다. 흥분하기 쉬운 고양이에서는 이러한 종류의 공격행동이 많이 보이는데 보통 주인은 원인을 못보고 지나치기 때문에 '어떤 징조도 없이 원인도 없이 갑자기 고양이가 공격했다'는 증상으로 내원하는 경우가 많다.

〈원 인〉

① 각성도의 상승·흥분
   다른 고양이와 마주쳐서 흥분하게 되면 전가성 공격행동이 일어나는 경우가 있다.
② 흥분시의 접촉
   흥분해 있을 때 쓰다듬으려고 하면 그것이 자극이 되어 가성 공격행동이 일어나는 경우가 있다.

〈진 단〉

① 고양이의 각성도가 높아져 있는(흥분해 있는) 상황에 이어서 일어나는 공격행동을 확인하고 진단한다.
② 우위성 공격, 공포성 공격, 영역성 공격, 포식성 공격 등 다른 공격행동과의 유증감별이 필요하다.

5) 애무유발성 공격행동

사람이 쓰다듬을 때 유발되는 공격행동.

고양이가 쓰다듬어 달라는 표정으로 무릎 위에 와 앉았는데도 쓰다듬어 주면 갑자기 물어버리는 경우가 있다. 수컷에서 많이 볼 수 있는 이 애무유발성 공격행동의 진짜 원인은 아직 밝혀지지 않았다.

고양이는 자신뿐 아니라, 다른 고양이에 대해서도 몸의 치장행동을 자주 하는 동물이다. 이러한 치장행동을 관찰해보면 횟수는 많지만 지속시간이 짧고 1회 치장에서 핥는 스트로크는 그렇게 길지 않다. 이에 반해, 인간은 계속해서 긴 스트로크로 쓰다듬는 경우가 많다.

이러한 애무패턴에 익숙하지 않은 고양이가 관용한계를 넘었기 때문에 갑자기 무는 것이라는 설이 하나의 해석이다. 또 처음에는 기분 좋게 느끼는 애무가 시간이 갈수록 고양이에게 불쾌감을 준다는 설도 있다.

〈원 인〉

① 원인불명
② 고양이에 의한 애무관용한계의 초과
   본래 고양이 간의 상호치장의 경우는 긴 스트로크로 장시간 쓰다듬는 경우가 없기 때문에 관용한계를 넘으면 갑자기 공격적이 되는 경우가 있다.

〈진 단〉

① 사람이 쓰다듬을 때 유발되는 공격을 확인하고 진단한다.
② 우위성 공격, 공포성 공격, 포식성 공격, 놀이공격, 특발성 공격 등 다른 공격행동과의 유증감별이 필요하다.

6) 놀이공격행동

놀이를 할 때나 전후에 보이는 공격행동.

강아지풀과 같은 고양이의 놀이 중에는 수렵본능을 불러일으키는 것이 적지 않다. 특히 새끼고양이의 경우는 이러한 놀이에 열중해 있는 동안 흥분하여 공격적으로 행동하는 경우가 자주 있다. 이와 같은 상황을 허용하고 오랫동안 계속하면, 흥분하여 곧바로 공격적이 되어버리므로 주의해야 한다.

〈원 인〉

① 놀이행동의 연장·격화
   놀이행동이 길어져 흥분하면 서서히 공격행동이 나타나기 쉽다.
② 놀이시간의 부족
   놀이시간이 부족하면 놀이 시 흥분하기 쉬워진다.
③ 선천적 기질
   천성적으로 놀기 좋아하고 흥분하기 쉬운 개체가 존재한다.

〈진 단〉

① 놀이를 할 때나 전후에 보이는 공격행동을 확인하고 진단한다.

② 전가성 공격, 포식성 공격 등 다른 공격행동과의 유증감별이 필요하다.

4 그 외의 문제행동

1) 부적절한 발톱갈기행동

부적절한 대상물에서의 발톱갈기행동.

고양이는 발톱을 갈아 앞발의 오래된 발톱을 제거한다. 뒷발의 발톱은 자기가 물어뜯어 제거한다. 또 발바닥(肉趾)에는 샘이 있는데 이것을 이용하여 발톱을 갈면서 마킹을 하는 것으로 알려져 있다. 따라서 발톱을 가는 장소는 고양이에게 꼭 필요하다. 보통 주인들은 발톱갈기장소를 준비하여 고양이의 욕구를 해소시켜주려 하지만 반드시 주인이 원하는 장소에서만 발톱갈기를 하는 것은 아니다. 화장실과 같이 고양이가 좋아하는 발톱갈기용 소재나 장소가 존재하기 때문이다. 키우고 있는 고양이가 소파나 찬장, 기둥 등에서 발톱을 갈기 시작하면 피해가 심각하다는 것을 쉽게 상상할 수 있다.

〈원 인〉

① 세력권의 마킹

마킹을 갱신하기 위해 다양한 장소에서 자주 발톱갈기행동을 하는 개체가 있다.

② 오래된 발톱의 제거

오래된 발톱을 제거하기 위해 다양한 장소에서 발톱갈기행동을 하는 개체가 있다.

③ 수면 후의 스트레치

수면 후의 스트레치를 하기 위해 다양한 장소에서 발톱갈기행동을 하는 개체가 있다.

④ 소재의 선호성

준비되어 있는 발톱갈기장소나 소재에 불만이 있어 부적절한 장소에서 발톱갈기행동을 하는 개체가 있다.

⑤ 구속에서 해방욕구

좁은 장소에서 해방해주기 바라여 문 등에서 발톱갈기행동을 하는 경우가 있다.

〈진 단〉

① 주인이 곤란한 대상물(기둥, 가구 등)에 대한 발톱갈기행동을 확인하고 진단한다.

복 습

① 고양이에게 보이는 공격행동의 종류와 그 원인
② 고양이에게 보이는 공포/불안에 관련된 문제행동의 종류와 그 원인
③ 고양이에게 보이는 그 외의 문제행동의 종류와 그 원인

과제 13

① 부적절한 배설행동과 스프레이행동의 차이점을 정리해보자.
② 권장되는 고양이용 화장실의 수와 화장실 청소 빈도를 생각해보자.
③ 고양이의 공격행동을 나열하고 각각의 주된 원인을 정리해보자.
④ 고양이가 있는 가정에 새로운 고양이를 소개하는 방법을 생각해보자.

문제행동의 치료

1 서 론

실제로 문제행동을 진단·치료할 때는 각각의 증례에 따른 방법을 생각해가야 한다. 다양한 증례에 공통적으로 적용되는 행동치료방법으로는 행동수정법, 약물요법, 의학적 요법이 있다. 기본적으로 문제행동의 진단 및 치료는 수의사에게 맡기는 사항이지만 그 기본적인 개념은 동물간호사도 이해해두어야 한다.

2 행동수정법

부적절한 동물의 행동을 바람직한 행동으로 변화시키는 방법으로 동물의 학습 원리에 기초하여 고안되어 있으며 행동치료의 중심이 된다. 대부분의 문제행동에 유용한 방법이지만 실제로는 주인이 실시하게 되므로 그 효과는 주인의 이해력과 실천력에 달려 있다. 따라서 행동수정법을 이용하는 수의사는 주인의 의지를 적절히 평가하면서 지시를 주고, 동물간호사는 필요에 따라 격려하지 않으면 안 된다. 아래에 기본이 되는 행동수정법을 소개한다.

1) 홍수법(범람법)

동물이 반응을 일으키기에 충분한 강도의 자극을 동물이 그 반응을 일어나지 않게 될 때까지 반복하여 주는 행동수정법으로서 어린 동물의 경우나 공포의 정도가 약한 경우에 유용하다. 단, 해당 반응이 줄어들기 전에 자극에의 노출을 중지하거나 동물이 회피행동에 의해 자극에서 벗어나는 것을 학습해버리면 효과가 없을 뿐 아니라, 문제행동을 악화시킬 우려가 있다.

예를 들어, 홍수법은 차를 타면 토하거나 계속 짖어대는 개에 대해 무슨 일이 일어나게 되면 최종적으로 어떠한 반응도 보이지 않을 때까지 계속해서 몇 번이고 차에 타우는 과정을 말한다(그림 14-1). 이 경우도 새끼일 때 순화시키는 것이 용이하며 성숙한 동물에서는 반응이 격렬한 경우도 있어 순화가 어렵다.

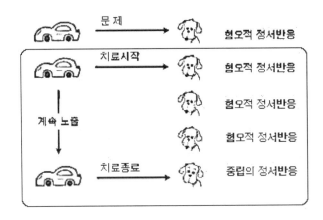

그림 14-1 홍수법

2) 계통적 탈감작

처음에는 동물이 반응을 일으키지 않을 정도의 약한 자극을 반복하여 주어 반응하지 않는다는 것을 확인하면서 단계적으로 자극의 정도를 높여가며 반응을 일으켰던 정도까지 자극을 높여도 반응이 일어나지 않도록 서서히 길들여가는 행동수정법이며 뒤에서 설명하는

'길항조건부여'와 함께 이용되는 경우가 많다. 특히 성숙한 동물에게 효과적이다.

위와 같은 예(차에 익숙하지 않은 개)의 경우, 치료시작 시점에서는 우선 시동을 걸지 않은 차에 개를 태운다. 이것을 몇 번 반복하여 개가 부적절한 반응을 보이지 않는 것을 확인한 다음, 다음 단계로 진행한다. 이번에는 개를 차에 태우고 시동을 걸어본다. 이것을 반복하여 부적절한 반응이 보이지 않는 것을 확인한 뒤 다음 단계로 진행한다. 다음은 집 주변을 한 바퀴 드라이브하여 순화하고, 점차 드라이브 거리를 늘려간다(그림 14-2). 이 수법을 이용할 때의 주의점은 치료기간을 단축하려고 전 단계의 순화가 충분하지 않은데 다음 단계로 진행해서는 안 된다는 것이다. 만약 급한 마음에 치료를 진행하여 동물이 완전히 부적절한 반응을 보이게 되면 다시 처음 단계로 되돌아가야 하기 때문이다. 동물이 조금이라도 부적절한 반응의 징후가 보이면 반드시 전 단계로 되돌아가 충분한 순화를 시켜야 한다.

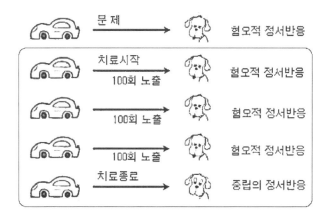

그림 14-2 계통적 탈감작

3) 길항조건부여(역조건부여)

자극에 대해 일어나는 바람직하지 않은 반응과는 양립하지 않는 반응을 하도록 조건화하는 행동수정법을 말한다. 순화의 항의 계통적 탈감작과 함께 특정 대상에 두려움을 보이는 동물의 행동수정에 이용되는 경우가 많다.

계통적 탈감작과 조합한 예에서는 빈 집을 지키게 하면 파괴행동이나 부적절한 장소에 배설을 하는 개에 대한 치료법을 들 수 있다(그림 14-3). 이와 같은 개는 빈 집을 지키게 하면 불안해지거나 혐오적인 감정이 발생하는 것인데 계통적 탈감작을 적용함으로써(서서히 집을 지키는 시간을 늘려간다) 이 혐오반응을 억제함과 함께, 길항조건부여를 적용하여 (예를 들어 집을 지킬 때마다 좋아하는 간식을 준다) 집을 지키는 것에 대해 기쁜 감정이 생겨나도록 하는 것이다.

이러한 행동수정법은 즉효적이지 않지만 계속하여 실시함으로써 서서히 효과가 보이는 것이다. 필요한 것은 주인을 격려하면서 인내를 가지고 치료를 계속하도록 하는 것이다. 동물간호사는 이러한 상황을 이해하고 계속해서 격려하지 않으면 안 된다.

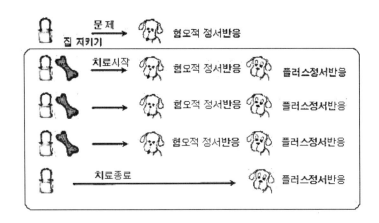

그림 14-3   계통적 탈감작과 길항조건부여

4) 처벌

특정 반응이 재발할 가능성을 줄이기 위해 그 반응이 가장 클 때나 직후에 혐오자극을 주거나 보수가 되는 자극(강화자극)을 배제하는 것을 말한다. 단, 처벌을 유용하게 이용하기 위해서는 적절한 타이밍, 적절한 강도 및 일관성이 필요하다. 즉, 동물이 바람직하지 않은 행동을 하는 도중이나 직후에 동물을 겁먹지 않도록 주의하면서, 충분히 혐오를 느낄 정도의 자극을 그 행동이 발현할 때마다 부여해야 한다.

처벌은 이하와 같이 동물에게 직접적으로 주는 직접처벌, 동물이 처벌을 주는 인간은 인식할 수 없도록 원격조작에 의해 주는 원격처벌, 인간과의 상호관계를 중단함으로써 주는 사회처벌로 크게 나누어진다.

(1) 직접처벌

말로 혼낸다, 때린다, 동물의 목덜미를 잡는다 등 동물에게 직접적으로 가하는 처벌을 말한다.

이러한 종류의 처벌은 공격성을 악화시킬 가능성이 있으므로 물릴 염려가 없는 동물에게만 적용해야 한다. 또한 동물이 처벌을 주는 인간을 피하게 될지도 모른다는 것과 공포에 의한 문제행동이 더 악화될 가능성이 있다는 것을 염두에 두어야 한다.

(2) 원격처벌

짖음방지목걸이, 물대포, 전기사이렌, 뛰어오름 방지장치 등을 이용하여 동물이 처벌을 주는 인간을 인식하지 못하도록 원격조작에 의해 주는 처벌을 말한다.

이러한 종류의 처벌은 동물이 피할 수 있다는 우려가 있으나 동기부여가 강한 경우에는 그다지 유용하지 않다. 일반적으로 고양이의 문제행동에서 유용한 경우가 많다. 원격처벌을 적용하는 경우는 처음에는 동물이 일부러 문제행동을 일으키도록 하여 그때마다 처벌을 주도록 하면 좋다.

(3) 사회처벌

무시나 타임아웃(개가 바람직하지 않은 행동을 보인 직후에 어둡고 좁은 방에 가두어 개가 짖는 동안에는 풀어주지 않는다) 등과 같이 인간과의 상호관계를 단절함으로써 주는 처벌을 말한다.

이러한 종류의 처벌은 인간과의 사회적 관계가 강력히 요구되는 개에게 특히 유용하나 개에게 과도한 애착을 가진 주인에게는 실행이 어려운 수법이다.

5) 행동수정법의 기초가 되는 트레이닝

일반적인 개의 주인의 대부분은 동물은 키우기 시작했을 때 처음에는 복종훈련이나 재주를 가리키는데 열심이지만 개가 성장할수록 열정도 식고 단지 일상의 보살핌이나 생활로 바뀌기 쉽다. 문제를 안고 있는 주인은 이러한 경향이 특히 강하여 개와의 관계가 틀어져 버리는 경우가 많다.

기초프로그램이라 불리는 트레이닝은 간단한 명령과 개가 좋아하는 간식(보수)을 이용하여 주인과 개의 관계를 재구축하려는 것으로 거의 모든 문제행동에 대한 치료 시 적용된다. 또한 수의사가 관여할 정도로 심각한 문제행동이 아닌 경우(예절부족 등)에도 유용한 방법이므로 동물간호사가 주인들에게도 가르쳐주어도 좋을 것이다(상세 내용은 제12장 「6. 주인과 개의 관계 구축」 및 첨부자료 참조).

6) 행동수정법을 도와주는 도구

(1) 헤드 홀터

특수한 목걸이로 목줄(리드)을 당기면 뒤통수와 코에 압력이 가해지는 구조이다. 후두부는 개의 선조인 늑대에서 어미가 새끼를 물면 얌전해지는 부위이고, 입 주변은 잘못된 행동을 한 새끼를 어미가 타이를 때 무는 부위이다. 이와 같이 헤드 홀더는 늑대의 행동학적 연구에서 얻어진 성과를 활용하여 개발된 것이다. 특히 우위성 공격행동이나 낯선 개에 대한 공격행동에 유용하다.

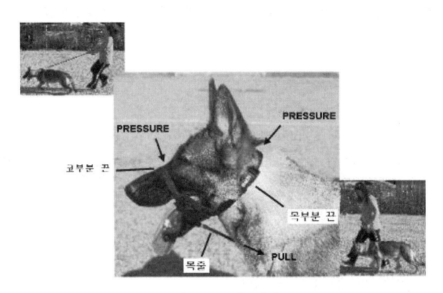

그림 14-4 헤드 홀터

(2) 입마개

개의 입부분을 완전히 덮어버리는 망을 말하며, 보정 시 사용되는 입마개와 달리 입 꼬리부분을 조이지 않으므로 착용한 채 간식 등의 보수를 이용한 트레이닝을 하는 것도 가능하다. 지금까지 한 번이라도 교상사고를 일으킨 적이 있는 개에게는 적용을 고려해야 한다.

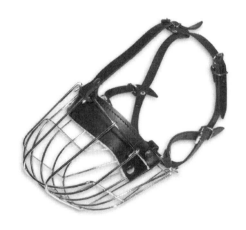

그림 14-5 입마개

(3) 짖음방지목걸이

개가 짖음과 동시에 소리나 진동을 감지하여 처벌을 주는 목걸이이며, 처벌로서는 전기쇼크 또는 개가 불쾌하게 느끼는 냄새(감귤계나 겨자 등)가 목걸이에 장착된 장치에서 분사된다. 기존에는 전기쇼크가 일반적이었으나 지금은 동물복지 면에서 스프레이형(citronella collar)이 권장되고 있다. 쓸데없이 짖을 때 유용한 경우가 많으나 단순한 대증요법인 이상, 점차 자극에 대해 순화되는 경우도 있으므로 짖는 원인을 특정하여 동기부여를 감소하는 행동수정법을 병용해야 한다.

 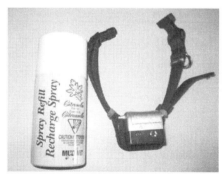

그림 14-6 전기자극에서 냄새자극으로

(4) 먹이를 넣는 타월이나 특별한 장난감

분리불안의 치료 시 사용된다. 분리불안의 증상은 주인이 외출 후 30분 이내에 발현되는 경우가 많으므로 이 시간대에 개가 주인의 외출을 잊어버리고 놀 수 있는 장난감이 유용하다. 타월의 이음매에 좋아하는 간식을 숨겨놓거나 땅콩버터를 바른 장난감, 둥글리면 조금씩 간식이 나오는 장난감 등이 좋다.

(5) 뛰어내림 방지장치

소파나 침대 위에 놓고 개나 고양이가 그 위에 올라오면 큰 소리가 나는 장치이며, 우위성 공격행동의 치료에서 개나 고양이에게 소파나 침대 위에 올라가는 것을 금지할 경우에도 이용된다.

(6) 쥐잡기, 물대포, 전기사이렌, 동전을 넣은 깡통 등

모두 원격처벌로 이용되는 도구이다. 개나 고양이가 주인이 처벌하는 것이 아니라, 천벌을 받은 것으로 생각하도록 한다.

(7) 페로몬양 물질방산제(페리웨이®, DAP®)

페리웨이®는 고양이의 오줌분사행동에 대해 유용한 분무제로 고양이의 불안을 없애는 페로몬효과에 의해 분사행동이 감소된다. DAP®는 개의 불안을 경감한다. 모두 콘센트 접속형 분무기에 장착하여 사용한다.

(8) 기피제(비타애플® 등)

개나 고양이가 불쾌하게 느끼는 냄새나 맛이 나는 분무제나 크림 등으로 특히 파괴행동에 대해 적용한다. 전용의 것이 아니라도 식초나 타바스코, 인간용 구취예방제 등을 이용하는 것도 가능하다.

3 약물요법

약제나 호르몬제를 사용하여 문제행동을 해결해가는 방법이다. 단, 현재 약제투여만으로 문제행동이 완전히 해소되는 일은 없으며 거의 모든 증례에서 약물요법은 행동수정법을 보조하는 형태로 이용된다.

4   의학적 요법

　문제행동치료 시에는 의학적 요법이 고려되는 경우도 많으며 그 중심은 수컷의 거세이다. 아래에 제시된 의학적 요법 중 거세·피임 이외의 것은 대증요법에 지나지 않으며 통상은 행동수정법의 보조로서 이용된다.

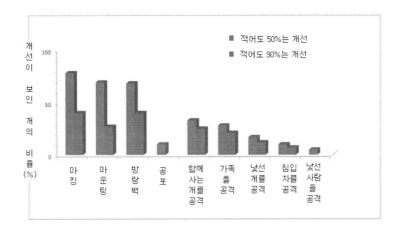

그림 14-7 　개의 문제행동에 대한 거세의 효과(Neilson et. al., 1997에서)

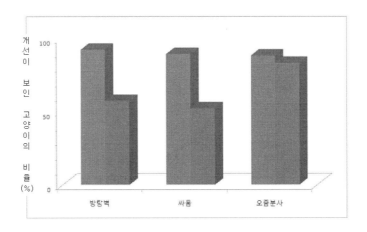

그림 14-8 　고양이의 문제행동에 대한 거세의 효과(Hart et. al., 1973에서)

(1) 거세

웅성호르몬인 테스토스테론이 원인이 되는 문제행동 중 어떤 것들은 거세에 의해 개선되는 경우가 있다. 개에서는 마킹, 마운팅, 방랑벽, 함께 사는 개에 대한 공격, 주인에 대한 공격에 대해 일정 효과가 기대되며, 고양이에 대해서는 방랑벽, 고양이 간의 싸움, 오줌분사에 대해 상당히 효과적이라는 것이 확인되었다

(2) 피임

고양이의 고도한 발정행동에 대한 치료 이외의 목적으로 피임이 문제행동의 치료에 이용되는 경우는 거의 없다. 최근에 실시된 조사에서 공격행동을 보이는 암캐를 피임함에 따라 공격성이 더 악화될 가능성이 보고되었으므로 이러한 종류의 문제행동을 가지고 있는 개의 피임에는 신중을 기해야 한다.

(3) 송곳니절단술

대형견은 살상능력이 높기 때문에 과거에 교상사고를 일으킨 경력이 있는 개에 대해서는 송곳니를 절단하는 수술이 필요한 경우가 있다.

(4) 성대제거

쓸데없이 격렬히 짖어서 인근 주민들의 불만이 끊이지 않는 경우에 적용되는 일이 많다. 그러나 성대를 제거해도 짖는 행동이 사라지지 않는다는 점, 성대는 재생할 가능성이 있다는 점도 주인에게 충분히 설명해두어야 한다. 동물복지 차원에서도 쓸데없이 짖는 것에 대한 치료에 관해서는 문제가 있는 개의 짖는 원인을 찾아내 그 동기를 줄이는 행동수정법의 적용을 첫 번째 선택지로 해야 한다.

(5) 앞발톱제거술

고양이의 공격행동이나 부적절한 발톱갈기행동에 적용된다. 이들 수술에 의해서도 문제가 있는 고양이의 동기는 경감되지 않으므로 인간 측의 피해가 주는 경우는 있어도 문제행동이 억지되는 일은 없다. 동물복지 차원에서도 행동수정법이 우선되어야 하며 경우에 따라서는 발톱커버의 적용을 검토한다.

복 습

① 행동수정법의 종류와 그 내용
② 행동수정법을 도와주는 도구와 그 사용법
③ 의학적 요법의 종류와 그 내용

과제 14

① 홍수법에 대해 실제 예를 이용하여 설명해보자.
② 계통적 탈감작법에 대해 실제 예를 이용하여 설명해보자.
③ 길항조건부여에 대해 실제 예를 이용하여 설명해보자.
④ 개와 고양이에서 거세가 유효하다고 생각되는 문제행동을 정리해보자.

chapter 15

문제행동의 예방

학습목표

① 문제행동의 예방방법을 이해하여 주인에게 설명할 수 있다.

② 반려동물을 선택하려는 사람에게 적절한 조언을 할 수 있다.

③ 반려동물에서의 사회화의 중요성에 대해 이해한다.

1 서 론

동물의 문제행동은 다양하며 각각의 문제에 대한 특정 예방방법이 존재하는 경우도 있다. 그러나 처음 사육을 하는 불안감을 안고 있는 주인에게 너무 많은 정보를 주는 것은 오히려 불안을 부채질하는 결과가 되기 쉽다. 따라서 이번 장에서는 주인이 알아두어야 할 최소한의 정보에 대해 설명하기로 한다.

여기서 드는 문제행동의 예방방법으로는 '적절한 반려동물의 선택', '충분한 사회화', '강아지교실, 고양이교실의 참가', '주인과 개의 관계구축', '주인의 계발'인데 '주인과 개의 관계구축', '주인의 계발'에 대해서는 고령 동물에서도 충분히 유용한 방법이라는 것을 알아두기 바란다.

2 적절한 반려동물(companion animal)의 선택

반려동물을 선호나 외견으로 반려동물을 선택하는 사람이 적지 않다. 그러나 지금은 개도 고양이도 매일 매일 진보를 거듭하는 수의학의 은혜를 받으며 10년 이상의 천수를 누리게 된 것이 사실이다. 키우기 시작한 뒤 자신의 생활환경이나 라이프스타일에 맞지 않는다는 것이 판명되어도 때 늦은 일이다. 그렇다고 하면 현재의 환경뿐만 아니라, 장래 설계도 고려하여 자신에게 맞는 반려동물을 선택해야 한다는 것을 잘 알 수 있다. 앞으로 반려동물을 키우려는 사람이 상담을 위해 동물병원을 방문하는 일은 많이 없을지도 모르지만, 항상 적절한 조언을 줄 수 있는 지식을 가지고 있을 필요가 있다.

1) 동물 종

우선은 동물 종을 선택해야 한다. 좋아한다 해도 매일 산책을 데려갈 여유가 없다고 하면 개를 키울 자격이 없다. 비교적 품이 들지 않는 고양이라도 실내에서 사육하려면 매일 화장실청소를 해야 한다. 최근 유행하는 파충류를 키울 경우에는 최소한 사육환경설정이 엄밀할 것, 종류에 따라서는 먹이의 입수가 어렵다는 것을 고려해야 한다. 조류, 설치류, 족제비류와 같은 소형 동물을 선택할 경우에도 어느 정도의 넓이가 갖춰진 사육환경을 제공해 주어야 한다. 이 처럼 동물이 본래 가지고 있는 행동양식을 가능한 충분히 발휘할 수 있도록 해주는 것이 문제행동의 예방으로 이어진다. 개와 고양이의 경우는 주인의 가족뿐 아니라, 이웃에 사는 사람들의 이해를 받아 두는 것도 필요할 것이다.

2) 품종

동물종이 결정되면 이번에는 품종을 선택해야 한다. 개나 고양이에 한하면 우선 잡종인지 순종인지가 될 것이다. 잡종은 질병에 대한 저항력이 비교적 강하다고 알려져 있지만 대부분의 경우 양친의 성질을 알 수 없으므로 성장했을 때의 체격이나 행동특성을 예측하는 것이 어렵다. 반면, 순종은 유전적 질환의 가능성이나 저항력이 약하다는 것이 지적되고 있지만 특징적인 외관이나 행동특성을 강화하도록 선발 교배되어 왔기 때문에 성장했을 때의 체격이나 행동특성을 예측하는 것이 쉽다. 주인은 선호하는 외견을 상상하면서 자신의 생활환경과 라이프스타일에 맞추어 품종을 선택하면 된다. 특히 개의 경우는 과거에 이루어진 하트 박사팀의 방법에 준한 조사가 일본에서도 이루어져 대표적인 견종의 행동특성이 임상수의사에 의해 객관적으로 평가되어 있으므로 참조하기 바란다(타케우치, 2007).

예를 들어, 소형견이라도 노부부의 애완동물로는 흥분하기 쉽고 활동성이 높은 잭 라셀 테리어나 미니추어핀셔는 부적절하다는 것, 작은 아이들이 있는 집에서는 아이를 무는 경향이 있는 치와와나 포메라니안은 부적절하다는 것은 당연하다. 장래의 행동특성을 어느 정도 예측할 수 있는 순종의 경우는 그에 대비한 예방조치를 취하는 것도 가능하다.

3) 암수

품종이 결정되면 암수를 선택하게 된다. 위에서 말한 조사에 따르면 암캐는 훈련기능이 높고 사람을 잘 따르는 것으로 되어 있다. 반면, 수캐는 놀이를 좋아하고 활동성이 높지만 웅성호르몬인 테스토스테론이 원인이 되는 문제행동이 일어날 위험이 높다. 일반적으로 수캐에서 많이 보이는 문제행동은 우위성 공격행동, 영역성 공격행동, 개들 간의 공격행동, 쓸데없이 짖기(경계포효) 등이다. 수컷고양이에서는 영역성 공격행동, 고양이 간의 공격행동, 부적절한 오줌스프레이행동 등이다. 단, 수캐라도 각각의 문제행동이 나타날 가능성이 낮은 견종도 존재하며 거세라는 의학적 조치에 따라 문제행동을 예방하는 것도 가능하다는 것을 잊어서는 안 된다.

4) 개체

순종이라면 장래적인 행동특성을 어느 정도 예측할 수 있다고는 하나, 같은 품종이라도 개체 간의 차이가 크다. 일반적으로 그 동물의 장래적인 행동특성을 예측하는데 있어서 중요한 정보가 되는 것은 양친의 행동특성이다. 가능하면 양친을 보고 성질이나 행동특성을 사전에 잘 알아두어야 한다. 개의 경우, 어미 개와 함께 사육되고 있는 모습을 관찰할 수 있으면 개체의 성격이 결정되기 시작하는 6주 무렵에 선택하는 것이 좋다. 개를 처음 키워본다면 구석에서 떨고 있거나 으르렁거리면서 활발하게 놀고 있는 개체가 아닌, 손뼉을 치면 약간 주저한 뒤 다가오는 정도의 개체가 좋다. 고양이의 경우는 개보다 약간 빠른 4~5주에 판단하는 것이 가능하다.

5) 입수처

동물을 처음 키워보는 경우는 사육자(breeder)한테서 입수하는 것을 권한다. 개도 고양이도 8주 정도까지의 기간을 부모, 형제와 생활함으로써 종 특유의 보디랭귀지나 사회규칙을 배울 수 있으므로 조기에 젖을 떼는 것을 막대한 영향을 미친다. 양심적인 사육자라면 번식시키는 품종에 대한 지식이 풍부할 뿐 아니라, 조기에 젖을 떼지 않고 양친의 정보도 충분히 제공해줄 것이다. 애완동물 숍에는 작고 귀여운 시기에 판매하기 위해 조기에 젖을 떼고 점두에 진열하는 곳이 적지 않으므로 애완동물 숍에서 입수할 경우는 이유시기나 교배상황을 사전에 충분히 조사해두어야 한다.

3 충분한 사회화

「제3장 행동의 발달」에서 설명했듯이 개나 고양이에게는 사회화기(감수기라고도 한다 ; 개에서는 3~12주, 고양이에서는 2~9주)가 존재한다(칼럼26). 사회화기의 전반을 어미, 형제들과 함께 보냄으로써 종 특유의 커뮤니케이션방법과 순위제의 구조 등을 학습하게 된다. 그리고 사회화기 후반에는 인간사회에서 생활하기 위한 준비를 해야 한다. 이 시기의 동물은 호기심도 왕성하여 신기한 환경이나 대상물에 순화하기 쉽다.

만일 이 중요한 시기를 어둡고 작은 상자 속이나 안전한 방안에서 특정 사람하고만 보내게 되면 이후 낯선 대상에 대해 과잉 공포심을 갖거나 겁 많은 동물이 되는 것으로 알려져 있다. 따라서 그 동물이 장래 접할 환경이나 대상물에 대해 이 시기에 충분히 길들여두는 것이 중요하다. 사육환경은 주인의 가족구성원이나 생활방식에 따라 크게 다른데 최소한 동종의 동물, 가정 내에서 사육되는 이종동물, 다양한 외견의 사람들(제복을 입은 사람, 안경을 쓴 사람, 노인, 아이들 등), 산책 중에 경험하는 자동차, 자전거, 오토바이 등에 순화시켜두지 않으면 안 된다. 개도 고양이도 큰 소리에 대한 공포증은 비교적 많이 관찰되는 문제행동이므로 바깥에서 들려오는 소음뿐 아니라, 청소기, 환기구, 세탁기 등의 소리에도 길들이는 것이 좋다. 또한 장래 차로 동물을 이동시킬 가능성이 있는 경우도 이 시기부터 서서히 연습하기 시작해야 한다.

4 강아지교실, 고양이교실의 참가

「3. 충분한 사회화」에서 설명했듯이 강아지나 고양이가 어렸을 때 동종의 동물과 보내면서 종 특유의 커뮤니케이션방법과 순위제의 구조를 배우는 것은 중요하다. 특히 빨리 젖을 뗀 것으로 의심되는 경우는 강아지교실이나 고양이교실에 참가하여 그 기회를 충분히 만들도록 노력해야 한다. 이에 따라 동종 간의 공격행동이나 순위제에 관한 문제행동을 예방할 수 있다. 또한 강아지교실, 고양이교실에서는 일반적인 예절교육방법이나 건강관리방법과 더불어, 문제행동에 관한 예비지식을 제공해주는 경우가 많으므로 문제행동을 조기에 발견할 수 있다.

5 예절교실

문제행동을 예방하는데 있어 예절교실에 참가하는 것이 반드시 필요한 것은 아니다. 그러나 이에 따라 사회화가 촉진되어 앞으로 일어날 수 있는 문제행동을 미연에 방지할 가능성도 어느 정도는 있다. 또한 예절교실에 참가함으로써「6. 주인과 개의 관계구축」에서 설명한 보다 좋은 관계를 구축할 수 있으면 문제행동을 예방하는 효과는 충분하다고 생각할 수 있다.

여기서 주의해야 할 점은 예절교실의 타입이다. 일반적으로 예절교실이라 불리는 것에는 2가지 타입이 있다. 하나는 개를 몇 개월간 특정 시설에 맡기는 것이고, 다른 하나는 주인이 개와 함께 다니면서 예절방법을 배우는 것이다. 개에게 일반적인 예절을 가르치려는 본래의 목적에서 보면 둘 다 크게 다르지 않다. 전문훈련사에게 개를 맡기고 집중적으로 예절훈련을 반복하는 편이 익숙하지 않은 주인이 흉내를 내어 훈련하는 것보다 빠르고 정확하게 가르칠 수 있다는 것은 쉽게 생각할 수 있다. 그러나 주인과 개의 관계가 틀어져서 발생하는 문제행동의 예방이라는 관점에서 생각하면 맡기는 방법으로는 주인과의 좋은 관계를 구축하는 것은 불가능한 것이 명백하다. 이러한 의미에서 귀찮아하는 주인에게도 후자타입의 예절교실이 권장되어야 한다.

6 주인과 개의 관계구축

일반적인 주인들은 개를 키우기 시작하면 복종훈련이나 재주를 가르치는데 열성이지만 개가 성장할수록 그 열의가 식고 그저 반복되는 나날의 보살핌이나 귀여워하는 일상으로 바뀌게 된다. 이와 같이 성장한 개는 관심을 받지 못하는 외로움이나 주인에 대한 과도한 의존심, 주인과의 신뢰손실 등으로 다양한 문제행동이 나타나게 된다. 이러한 문제를 예방하기 위해서는 어렸을 때부터 주인과 확실한 관계를 구축해가야 한다.

구체적으로는 어렸을 때부터 간단한 명령과 개가 좋아하는 간식(보수)을 이용하면서 매일 20분간 훈련을 반복하는 것이 좋다. 이 훈련방법은 기초프로그램이라 불리며 거의 모든 문제행동을 치료할 때 적용되는 것인데 문제행동의 예방에도 효과적이므로 특히 개를 처음 키우는 사람은 알아두기 바란다. 기초프로그램과 일반적인 복종훈련방법에는 큰 차이가 있다. 복종훈련은 주인의 명령에 대해 즉각 그리고 틀림없이 복종시키는 것이 첫 번째 목표이다. 개는 주인의 명령뿐 아니라, 동작이나 표정까지 캐치하려고 필사적이 된다. 또한 화를 내면서 가르치는 경우는 혼나는 것이 아닐까 라는 공포로 긴장하는 경우도 있다. 반면, 기초프로그램의 목적은 주인과 개가 즐겁게 시간을 보내는 것과, 곤란할 때는 언제든지 릴렉스하고 주인의 지시를 따르면 안심이라고 개가 생각하게 하는 것이다. 기초프로그램이라도 '앉아'나 '엎드려' 등의 간단한 명령을 이용하지만 개는 '앉아'의 명령에 대해 '엎드려'를 해도 릴렉스하고 있으면 보상이 주어지는 것이다. 주인이 명령을 줄 때도 무서운 어조로 소리치는 것이 아니라, 개가 릴렉스하고 주인에게 집중할 수 있도록 상냥한 말투를 건네주어야 한다. 이렇게 하여 강제가 아니라, 신뢰관계를 키워가는 것이다. 주인의 가족전원이 참가하여 기초프로그램을 실천하면서 개의 성장과 함께 건전한 산뢰관계를 키워 가면 많은 문제행동을 미연에 방지할 수 있을 것이다.

7 **주인의 계발**

문제행동은 주인이 문제라는 것을 인식하고 비로소 치료대상(진짜 문제행동)이 될 수 있다. 그러나 주인이 인식하지 못하는 단계에서도 섭식장애나 이기, 지성피부염 등은 동물의 건강을 직접적으로 위협하기 쉬우며 분리불안이나 각종 공포증은 주인이 모르는 새에 동물의 정신을 갉아먹고 있다. 공격행동, 쓸데없이 짖기, 파괴행동, 부적절한 배설 등도 주인이 견디는 것만으로 끝나지 않는 경우가 많다. 이러한 문제를 안고 있기 때문에 맞거나 무시되는 동물도 불행하지만 물릴지 모른다는 공포에 떨면서 보살피는 주인이 반려동물과 생활하는 즐거움을 충분히 누리고 있다고는 생각하기 힘들다.

만일 주인이 문제행동이란 어떤 것인가, 그리고 그것을 예방하는 방법을 사전에 알고 있다면 어떠한 불행도 줄일 수 있을 것이다. 동물이 건강진단이나 백신접종을 위해 내원할 때 이러한 지식을 조금씩 제공할 수 있다면 주인은 조기에 문제를 인식하게 되기 때문에 간단한 조언으로 그것을 해결할 수 있을 것이다. 주인과의 관계가 뒤틀려버린 동물은 치료가 힘들다는 것을 쉽게 생각할 수 있을 것이다. 다른 동물의약과 마찬가지로 행동치료에서도 조기발견, 조기치료가 중요한 것이다.

복 습

① 반려동물의 적절한 선택방법.
② 충분한 사회화의 필요성.
③ 주인과 개의 관계구축방법.

과제 15

① 반려동물을 선택하는데 고려해야 할 항목을 정리해보자.
② 강아지에게 사회화시켜두어야 할 대상을 정리해보자.
③ 새끼강아지·새끼고양이교실의 의의에 대해 설명해보자.
④ 개와 고양이와의 관계를 구축하는 트레이닝 법에 대해 서로 이야기해보자.

찾 아 보 기

저 자 소 개

저자 | 김옥진
　　서울대학교 수의과대학 · 대학원졸업 · 수의학박사
　　前 미국 농무부 동물질병연구소 연구과학자
　　前 서울대학교 의과대학 연구교수
　　前 일본 게이오 의과대학 객원교수
　　現 원광대학교 번려동물산업학과 교수

저자 | 김병수
　　전북대학교 수의과대학 · 대학원졸업 · 수의학박사
　　前 서해대학임상병리과교수
　　前 서해대학 애완동물과교수
　　現 공주대학교 특수동물학과 교수

저자 | 박우대
　　건국대학교 수의과대학 · 대학원 졸업 · 수의학박사
　　前 우대종합동물병원장
　　前 한국수의간호아카데미 교육부장 · 지원장
　　前 농림수산식품부 반려견 전문가위원
　　現 한국동물복지학회 자격위원장
　　現 서정대학교 교수

저자 | 이형석
　　충남대학교 동물자원대학 · 대학원졸업 · 농학박사
　　한국동물복지학회이사 및 자격분과위원
　　한국초지학회 이사
　　現 우송정보대학 애완동물학부 교수

저자 | 이현아

원광대학교 동물응원학과 대학원졸업·농학박사
前 원광대학교 보건보완의학대학원 초빙교수
現 한국동물매개심리치료학회 상임이사
現 원광대학교 반려동물산업학과 교수

저자 | 하윤철

서울대학교 수의과대학·대학원 졸업·수의학박사
前 질병관리본부 국립보건원 인플루엔자 바이러스과 기술연구원
現 천안연암대학 동물보호계열 교수
現 천안연암대학 질병전담교수

저자 | 황인수

전북대학교 수의과대학·대학원 졸업·수의학박사
現 기관동물실험윤리위원회 위원장
現 한국동물매개심리치료학회 상임이사
現 서정대학교 반려동물학과 교수

저자 | 최인학

대구대학교 자연자원대학·대학원 졸업·농학박사
前 미국 농무부 USDA-ARS 박사후 연구원
前 경북대학교 산업동물의학연구소 객원연구원
現 중부대학교 애완동물학부 교수

반려동물행동학

발   행 / 2024년 8월 5일

저   자 / 김옥진, 김병수, 박우대, 이형석,
              이현아, 하윤철, 황인수, 최인학
펴 낸 이 / 정 창 희
펴 낸 곳 / 동일출판사
주   소 / 서울시 강서구 곰달래로31길7 (2층)
전   화 / (02) 2608-8250
팩   스 / (02) 2608-8265
등록번호 / 제109-90-92166호

판 권
소 유

ISBN 978-89-381-1423-5 93520
값 / 17,000원